大展好書　好書大展
品嘗好書　冠群可期

大展好書　好書大展
品嘗好書　冠群可期

休閒娛樂
20

園藝植物管理

船越亮二／著

大展
出版社有限公司

前言

澆水、施肥、在愛的照顧下、植物開花、結果，或是蔬菜可以採收，那種喜悅是難以言喻的。

開始從事園藝的動機各有不同，不過在累積經驗之後，就會遇到「去年開花了啊！為什麼今年沒有開花？」「葉子突然開始掉落」等疑問和失敗。因爲喜歡而種植庭園植物，卻不懂得照顧之法，或是植物過於茂盛，卻不知該如何處置，都是可能碰上的煩惱。

本書針對庭園植物、觀葉植物、盆栽、蔬菜、洋蘭等園藝植物八十九種，以栽培中容易發生的失敗和疑問為主，為各位解說植物的性質、日常管理和照顧的方法。

自己動手從事園藝，超越失敗和疑問的難關，累積經驗，就能得到快樂。

為了增加快樂，希望各位參考本書。

●目錄●

庭園植物

珊瑚木……………………六
繡球花……………………八
馬醉木……………………一〇
大花六道木………………一二
無花果……………………一四
鈍齒冬青…………………一六
梅樹………………………一八
落霜紅……………………二〇
海棠………………………二二
槭樹………………………二四
柿樹………………………二六
夾竹桃……………………二八
石榴………………………三〇
梔子花……………………三二
印度杜鵑花………………三四
紫薇………………………三六
山楂………………………三八
石南………………………四〇
瑞香………………………四二
竹類………………………四四
山茶、茶梅………………四六
滿天星……………………四三
假山茶……………………五〇
南天竹……………………五二
花茱萸……………………五四
歐亞火棘…………………五六
山藤………………………五八
貼梗木瓜…………………六〇
松樹………………………六二
日本金縷梅………………六四
木槿………………………六六
桂花………………………六八
木蘭………………………七〇
厚皮香……………………七二

觀葉植物

常春藤……………………七四
石長生……………………七六
石刁柏……………………七八
鳳梨類……………………八〇
蓼藍………………………八二
蘆薈………………………八四
海芋………………………八六
火鶴………………………八八
胭脂花……………………九〇
林投葉……………………九二
變葉木……………………九四
橡膠樹……………………九六
虎尾蘭……………………九八
吉貝………………………一〇〇
白鶴芋……………………一〇二
花葉萬年青………………一〇四
龍血樹……………………一〇六

馬拉巴栗……一〇八
斑葉垂榕……一一〇
銀龍葉……一一二

洋蘭

卡多利亞蘭……一一四
虎頭蘭……一一六
石斛蘭……一一八
蝴蝶蘭……一二〇

盆栽

杜鵑花……一二二
亞茲櫻花……一二四
孤挺花……一二六
蝦脊蘭類……一二八
菊花……一三〇
君子蘭……一三二
仙客來……一三四
白鷺草……一三六
四季盛開的秋海棠……一三八
聖誕仙人掌……一四〇
棕竹、筋頭竹……一四二
小齒天竺葵……一四四
非洲紫苣苔……一四六
鬱金香……一四八
薔薇……一五〇
燈籠花……一五二
櫻草類……一五四
矮牽牛……一五六
聖誕紅……一五八
百合……一六〇
毛茛花……一六二

蔬菜

草莓……一六四
毛豆……一六六
小黃瓜……一六八
紫蘇……一七〇
茼蒿……一七二
玉米……一七四
番茄……一七六
茄子……一七八
荷蘭芹……一八〇
冬蔥……一八二

珊瑚木

●山茱萸科

一整年都能觀賞亮麗的綠葉

珊瑚木一整年都有亮麗的葉子，連樹枝都是綠色的。冬天結紅色的果實，為花草較少的庭院增添色彩。

耐陰性極強，是必須種植在陰涼處的樹木。

●**栽植** 種植場所適合在陰涼處或半陰涼處。討厭乾燥，即使是在太陽曬到的地方，只要土壤濕潤肥沃也可以生長。時期從溫暖的四月中旬開始到五月，以及九至十月。

●**整形修剪** 放任不管也能擁有自然的樹形。珊瑚木會從地面開始長出叢生狀的樹枝，如果樹形較亂，有突出的樹枝時，則從根部剪斷，叢生的部分必須疏伐。枯萎的樹枝或老朽的樹枝從根部切斷。適當時期為三月至四月上旬。

●**肥料** 幾乎不需要施肥。如果施了太多含氮肥料，會使枝葉過度生長，樹形紊亂。

●**病蟲害** 會發生介殼蟲。發生的話要撒殺螟松乳劑一千倍稀釋液，冬天撒二十倍的石灰硫黃合劑稀釋液也有效。梅雨期若葉子發黑是炭疽病，可撒狄森水合劑防除。

●珊瑚木的雌株與雄株

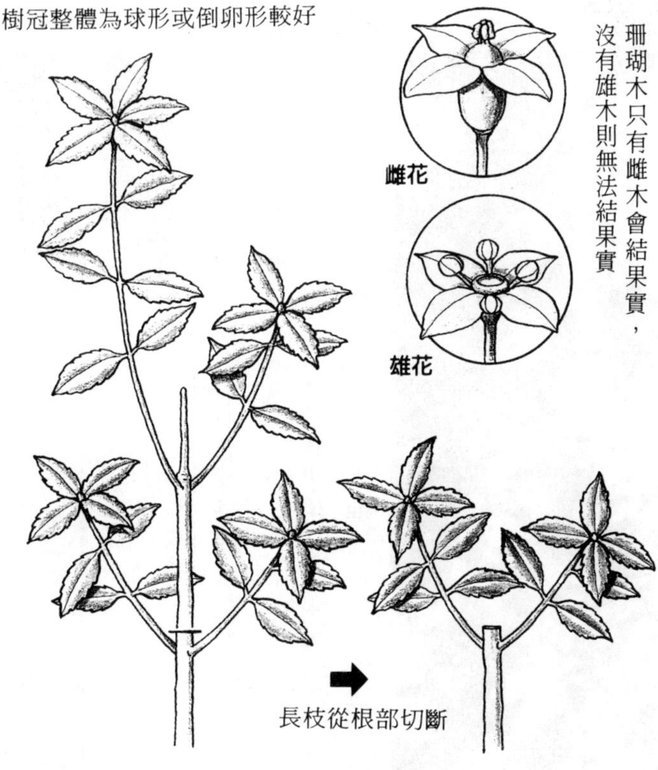
樹冠整體為球形或倒卵形較好
珊瑚木只有雌木會結果實，沒有雄木則無法結果實
雌花
雄花
長枝從根部切斷

Q 會結果實嗎？

種植應該會結果實的珊瑚木，結果卻沒有結果實。

珊瑚木是雌雄異株，會結果實的是雌木，但是只種雌木不會結果實，附近必須有雄木。可以購買雄木栽植，或是利用實生、插枝的方式種植。

實生法要在三月中旬至四月上旬採摘果實，撒在地上。將成熟果實的果皮果肉完全去除，撒在半陰涼處。而插木則要在六月中旬至八月中旬時，使用今年的生枝插穗。雌雄的分別要看開花期的花。雄蕊四條、花房較大，雌蕊一條，花房較小。

繡球花

●虎耳草科

點綴梅雨期的花

想到梅雨期的花，首先浮現腦海的就是繡球花。由於花色容易改變，有七變化的別名。

用整個花來裝飾的園藝品種就是繡球花，西洋繡球花則是原本傳到歐美的繡球花經過品種改良後再進口的花，所以花色和形狀富於變化。

●栽植　栽植的場所以含有較多枯葉的有機質的肥沃、溼潤土壤較好。盡量在白天能曬到太陽，冬季可以防風。在陰涼處也可以成長，但花朵開得不好。時期為三月至四月上旬與九至十月。

●整形修剪　具有自然的樹形，不必特別修剪。

花芽在九至十月上旬形成，因此十月以後確認花芽，剪斷從樹冠突出的樹枝，擁擠的部分進行疏伐，整理孱弱和枯萎的樹枝等。

因為樹木高大，如果想要使其矮小，在開花後進行修剪。翌年雖然看不到美麗的花朵，但是到了隔年又會形成美麗的花株，欣賞到很多好看的花朵。

●肥料　二月在堆肥和腐葉土中混入少量的油粕或雞糞，放在樹根部的泥土中。

●病蟲害　夏天葉色不良或葉子萎縮是葉蟎作祟，可以撒一千倍的開樂散乳劑稀釋液驅除。葉或新芽有好像白色黴菌附著，則是白粉病，要撒狄森等防除。

●修剪的方法

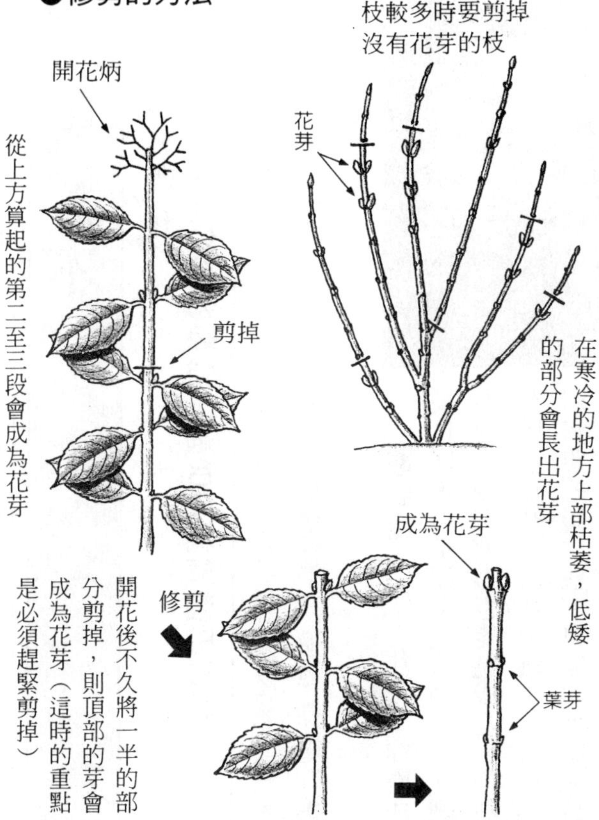
枝較多時要剪掉沒有花芽的枝
開花炳
從上方算起的第二至三段會成為花芽
剪掉
花芽
在寒冷的地方上部枯萎，低矮的部分會長出花芽
開花後不久將一半的部分剪掉，則頂部的芽會成為花芽（這時的重點是必須趕緊剪掉）
修剪
成為花芽
葉芽

Q 不會開花嗎？

修剪之後，有時不會開花。這是因為花芽形成的部分被剪掉所致。繡球花的花芽是在今年生長的樹枝頂芽（未開花枝）或是今年會開花的樹枝頂部的部分葉腋分化，翌年芽生長，前端就會開花。長得較突伸的樹枝在花謝之後剪掉的話，則頂部的芽會成為花芽，翌年就會開很多花。若是修剪得太慢，就無法形成花芽。

十月以後的修剪要確認花芽，在花芽的上方修剪。

馬醉木

●杜鵑花科

在陰涼處生長力較強，適合成為庭園的矮林

是有毒植物，馬吃了以後會麻痺，故有馬醉木之名。春天時，壺狀花好像房子一樣下垂的姿態楚楚動人，與深綠色的葉子相映成趣。

●栽植　原本在半陰涼處成長良好，但是如果土質適合，在曬得到太陽的地方也能夠成長。種植在排水良好的肥沃土壤中，栽植的洞穴要挖得大些，將完熟堆肥充分混合用來栽植。將幼木種在到了午後會形成樹蔭的落葉樹下，較容易成長。時期為三月下旬到五月上旬與九至十月。

●整形修剪　放任不管也能擁有完整的樹形。樹枝會從地面開始叢生，因此要趕緊留下一至三根粗枝，其他樹枝剪掉，留下的粗枝當成樹幹使其成長。如果想要作為矮林，則開花後前年枝要剪掉一半，擁擠的地方要進行疏伐。

當成籬笆的馬醉木在開花後要用修剪刀剪掉前年枝。

花芽在夏天分化，因此夏天以後修剪，則翌年不會開花。在秋天以後修剪，必須剪掉紊亂樹形的樹枝。

結實後的枝很難發芽，因此開花後要從花莖處剪掉花柄，促進新芽的發生。

●肥料　二月在腐葉土中混入兩把的油粕，撒在根部。

●病蟲害　夏天到秋天會發生啃食葉子的卷葉蟲，要撒一千倍的殺螟松乳劑稀釋液驅除。

●馬醉木的整形修剪

Q　聽說葉子有毒……

馬吃了以後會醉，使其麻痺，因此，絕對不可以吃它的葉子。

這是因為馬醉木的葉子含有馬醉木紫紅素、馬醉木毒素等有毒成分。

因此利用葉莖做成煎汁，可以用作廁所內的殺蟲，以及驅除農作物的害蟲，或是驅除寄生在牛馬皮膚上的寄生蟲。

人類吃了以後呼吸中樞會麻痺，但是種植在庭園中觀賞沒有害處，不過必須注意不可讓小孩誤食。

大花六道木

●忍冬科

從七月到霜降時期可以觀賞花朵

大花六道木從七月到十一月為止，枝端會盛開帶有甘甜香味的白色小花，是強健的樹木。在暖地為常綠樹，但在寒冷的地方為半常綠樹及落葉樹。最近經常看到當成庭園植物或籬笆種植，是由交配形成的園藝種，但是卻為自生我國山野的大花六道木的同類。

●栽植　適合的時期為三月下旬到四月與九月下旬到十月。喜好日照良好、排水良好處。不會挑選土質，但在貧瘠的土壤則要利用完熟堆肥及腐葉土混入，用作栽植。若是種在籬笆處，由於萌芽力極強，因此各株之間要間隔兩公尺。

本種的花和秋天的紅葉非常美麗，所以適合當作盆栽。栽植的方法則是在紅土中混入三成腐葉土。

●整形修剪　花附著在新梢的前端。修剪在十一月到三月進行。會從地面長出很多的枝，因此老舊的樹枝從根部剪掉，按照各人喜歡的大小來整形，突出樹冠的枝芽要適時剪除。

●肥料　不必特別施肥，但在貧瘠的土壤於二月和八月可以抓一至兩把粕撒在根部。

●病蟲害　會有葉子出現斑點的斑點病。一旦發生斑點病，要撒代森鋅劑。在通風不良處，葉子會出現白色的黴菌，形成白粉病，要撒代森鋅劑防除。

●繁殖法　一般是使用插木的方式繁殖，從三月到十月插木比較容易繁殖。老枝也會發根，因此剪十五公分左右的樹枝當成插穗，先插在紅土或河邊的砂地上。

●冬天的修剪

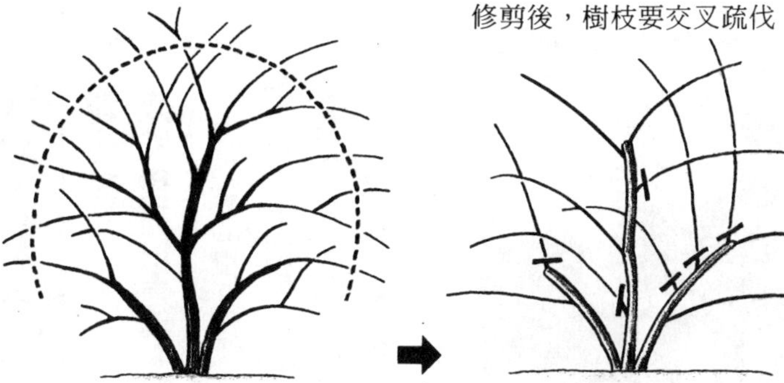
修剪後，樹枝要交叉疏伐
前年枝全部剪掉

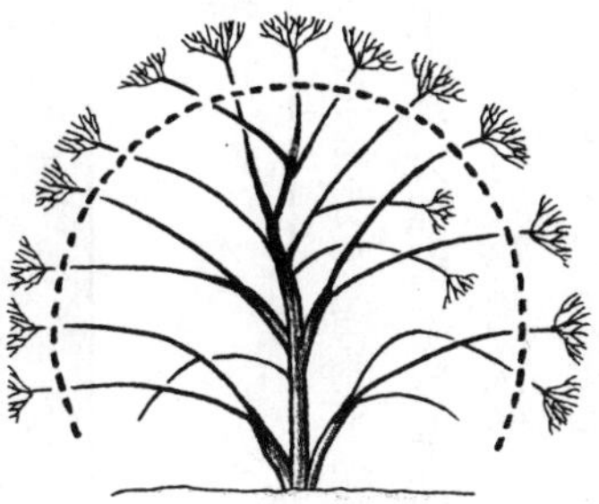

開花後的修剪

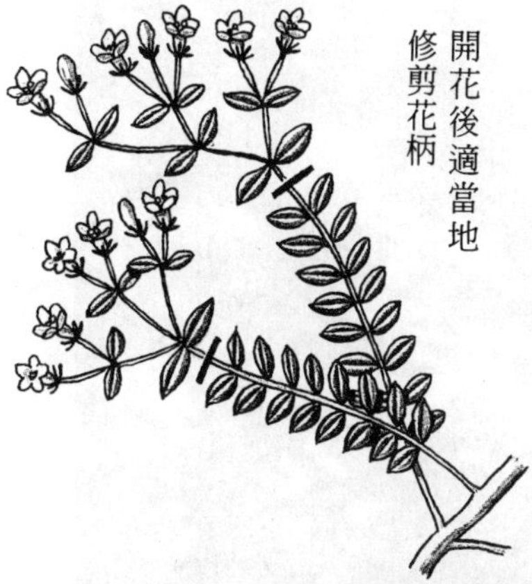
開花後適當地修剪花柄

Q 太大株該怎麼辦？

當成庭園植物的話，高度兩公尺左右較好，不必特別照顧。但是放任不管，由於從地面生長的樹枝數增加，就會雜亂無章。

因為樹勢極強、能夠忍受大力修剪。從十一月到三月，將老枝從根部剪掉，修剪為意想中的大小。

無花果

●桑科

成熟後可以享受收穫之樂

曾經出現亞當和夏娃的神話中，是自古栽培的果樹之一。原產中東，據說會出現於聖經中，是因為大都自生於聖地所致。

六至七月有成熟的夏果，八月以後有成熟的秋果。夏果在梅雨時期容易腐爛，因此秋果種比較適合。最近出現成熟以後會有美麗的綠色大果的品種。

●栽植　具暖地性，選擇日照良好，夏天不會過於乾燥，能夠保持適當溼度的肥沃土壤，在雨較少時栽植。

栽植的洞穴要挖得較大，充分放入完熟堆肥，與土壤均勻混合，保持良好的保水性和排水。栽植時期以落葉期較佳，約在十一月下旬到三月上旬適合。

●肥料　要避免含氮太多的肥料。為了使樹枝能夠很有元氣地生長，要等量混入油粕和骨粉，此外配合樹木的生長，也可以利用顆粒狀化學合成肥料當成追肥。

●整形修剪　夏果是今年在樹枝前端結的小果，過了冬天，到了翌年初夏成熟，因此要避免剪掉樹枝前端。以疏伐修剪為主。而秋果則是在春天開始生長的新梢結果，每年十二月到三月上旬留下基部二芽，芽與芽中間剪掉，使元氣較佳的新梢成長。結果之後，一枝留下八至十個，枝端的幼果要盡早摘除。

夏・秋果兼用品種

夏果在兩年枝的前端部，秋果在一年枝的葉腋會開花結果，故而避免剪掉樹枝前端。

秋果種

春天開始生長的新梢會結果，冬天時基部留下二芽，使有元氣的新芽成長。

●病蟲害 經常發生的是天牛幼蟲。在枝椏和樹幹發現蟲糞的洞穴要噴入殺蟲劑驅除。夏天會成為成蟲，發現以後就要捕殺。

Q 樹太大，很難結果

放任不管的話樹會長得很大，而結果的樹枝太高就很難採收，無花果一般會修剪為容易採收的盃狀或叢生灌木狀。太大的樹木，如果原先是樹枝，則只要重新修剪即可。

鈍齒冬青

●冬青科

可修剪成各種形狀

鈍齒冬青的葉子類似黃楊，但是樹材比不上它。樹勢極強，容易發芽，能夠忍受粗枝的修剪，可以修剪成各種樹形。

球形、圓錐形、四方柱、動物形狀等，可以隨心所欲地修剪。

●栽植 樹勢極強，不必特別選擇土質，但是適合排水良好的肥沃土壤。在陰涼處也能成長，三至四月與九至十月為適合期。栽植洞穴要充分放入完熟堆肥。

●整形修剪 萌芽力旺盛，三至十月可進行兩次修剪整形。修剪時只要剪掉上一次修剪後長出來的部分就可以了。因為從樹枝根部或是樹根處會長出很多樹枝來，要盡早從根部剪掉。如果疏於照顧，任枝葉生長過盛，就要趕緊剪掉樹枝，讓樹冠內部照到陽光，等到新芽長出來後再重新整形。

●肥料 二月時將油粕

、骨粉、化學合成肥料等量混合，抓二到三把撒在根部。

●病蟲害 會發生葉卷蟲或尺蠖等，撒馬拉松乳劑等驅除。

鈍齒冬青與黃楊的分辨方法（八月上旬的樣子）

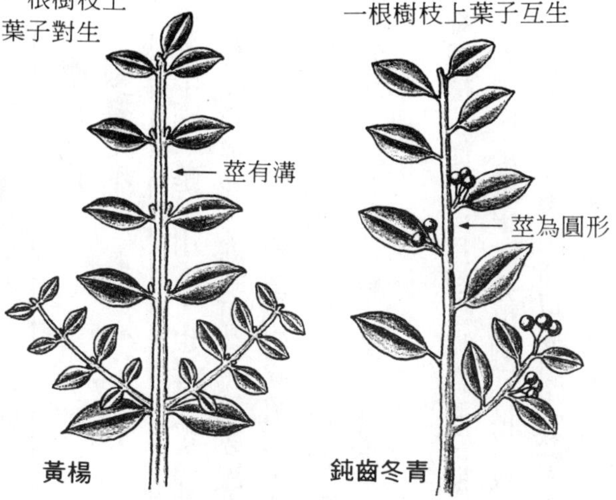

●整形修剪的方法

修剪時只要剪掉上次修剪後長出來的部分即可

Q 鈍齒冬青和黃楊有何不同……

鈍齒冬青為冬青科，自生於山地，而黃楊為黃楊科。鈍齒冬青與黃楊相比，是比較適合種植在暖地的庭園植物，到了冬天會出現紅葉。

兩者的分辨方法就看葉子的附著方式。鈍齒冬青的葉子以互生的方式生長，而黃楊的葉子則為對生。

黃楊木材緻密，不易破裂，所以能夠用來做印章、算盤的珠子、象棋棋子等細工材。

梅樹

●薔薇科
報春花木

原產中國，是藥用木，也是大家所熟悉的賞梅花木。

園藝品種很多，大致可分為主要觀賞花的花梅和主要採收果實的果實梅，如果要當作庭園植物，即使是果實梅也可以欣賞到美麗的花。包括枝的切口為白色的野梅系；紅色的緋梅系；枝較為粗大而且花比較大朵的豐後系，以及與杏雜交的杏系等。

●栽植 從十二月到二月為適合期，種植在日照良好、排水良好的肥沃土壤中。栽植洞穴挖得較大，土中充分混合完熟堆肥，因為不喜多溼，所以要填土栽植。

盆栽則要在開花後，於紅土中混入三成腐葉土用來栽植。

●整形修剪 經常有人說剪掉梅樹是「愚蠢的行為」，但是不能讓長枝一直生長。長枝繼續生長，花就無法盛開，而且樹形也不好看。花會附著在短枝上。太長的樹枝在落葉中的十二月中旬到一月之間，基部留下三分之一左右，進行修剪成為短枝。短枝保持四至五年後，花就會聚集在枝頭盛開，所以每隔五至六年就要進行一次強力修剪。若為盆栽，則在開花結束以後留下二至三芽，進行修剪。如果長枝後來繼續生長，看起來很難看，則可摘掉芽尖。

●肥料 十二月下旬至一月的寒肥、開花後的禮肥、八月下旬的追肥等，都要將油粕混入等量的骨粉，撒在根部。

盆栽則在三至六月、八月下旬至十月之間，隔月施與等量混合的油粕與骨粉。

●病蟲害 葉子和新梢會發生蚜蟲，要撒一千倍的甲基乙拌磷稀釋液驅除。會形成帳篷狀的巢，啃食葉子的天幕毛蟲，要將有巢的樹枝剪下燒掉。會啃食花蕾或芽的梅蛾，要利用一千倍的殺螟松乳劑稀釋液驅除。

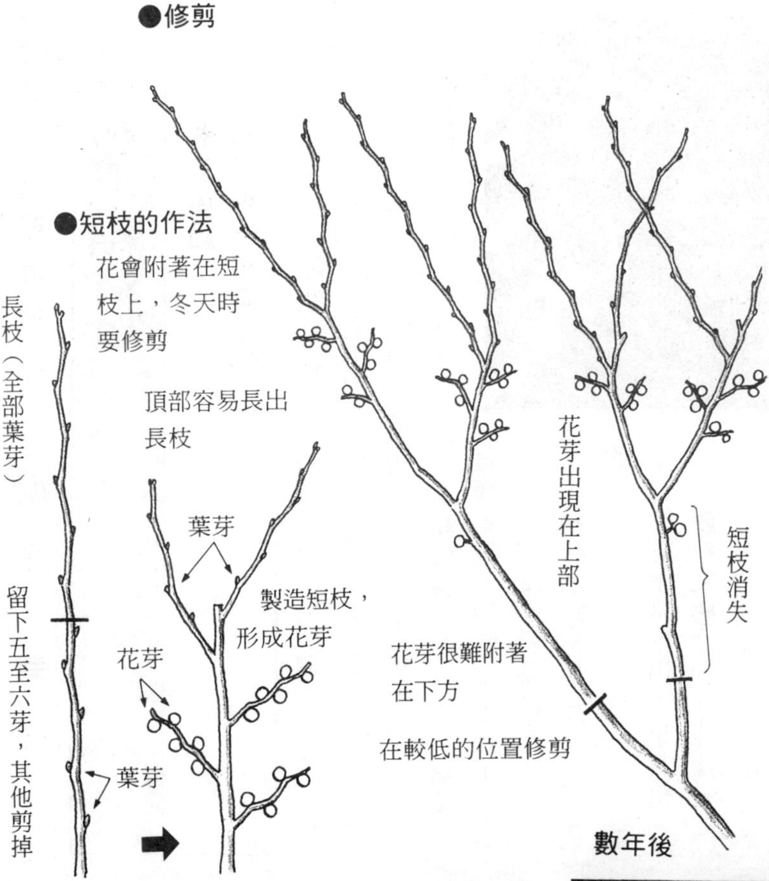

Q 花朵盛開卻無法結果？

梅樹有無花粉品種。像白加賀的果實極大，而玉英等則沒有花粉，即使開花也無法結果。所以要在這些梅樹的附近栽植梅鄉等花粉較多的品種，以便於結果。如果當作庭園植物，則選擇花粉較多，只要一棵樹就能結果的養老、鶯宿、甲州小梅等品種較好。

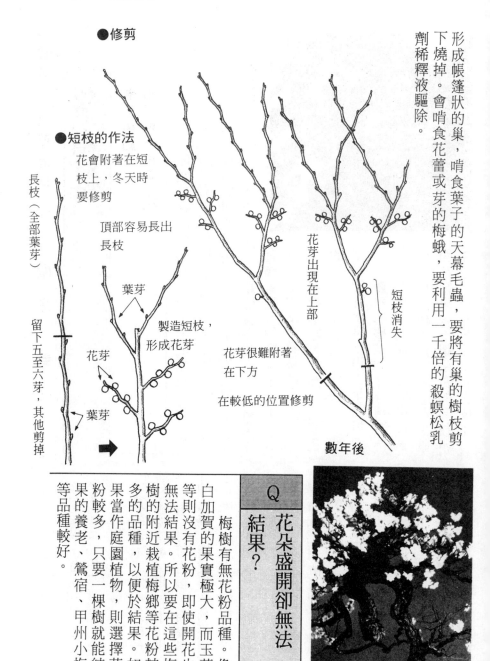

落霜紅

●冬青科

和冷霜一起發光的果實

果實在初秋時節開始變紅，和冷霜一起出現光亮，持續到翌年春天。在冬季的庭園中因為色彩豔麗而受人歡迎。落霜紅的葉、枝與梅樹非常相似，卻是冬青科植物。

●栽植　二至三月為適合期。要栽植於日照良好、落葉等有機質較多的肥沃土壤中。日照不良的話不容易結果。

盆栽則在每年芽呈現紫色的三月，以紅土六、砂二、腐葉二的排水良好用土來栽植。

●整形修剪　花芽會在今年長得較短的樹枝葉腋形成，翌年芽持續生長，就會在葉腋開花結果。不斷生長的長枝不會有花芽附著，這些長枝在一至二月時，從根部算起留下二至五節，其他剪掉。

即使不這麼做，也會形成叢生灌木狀的自然樹形。如果要修剪成單幹形，則在一至二月時從根部剪掉多餘的樹枝。樹枝很容易從根部長出來，不需要的樹枝從根部剪掉。

●肥料　二月與八月下旬至九月上旬，將油粕與化學合成肥料等量混合，抓一至二把撒在根部。盆栽要確認結果之後，到十月為止一個月一次，將油粕混合兩成骨粉，當成置肥施於土壤中。

●病蟲害　五至六月會發生啃食葉內，葉面出現如圖畫般白色線條的畫圖蟲。一旦發生就要撒鈣殺畏乳劑驅除。

也會發生介殼蟲，要撒殺螟松乳劑等驅除，冬季時撒二十倍的石灰硫黃合劑稀釋液也有效。

●修剪的方法（1～2月）

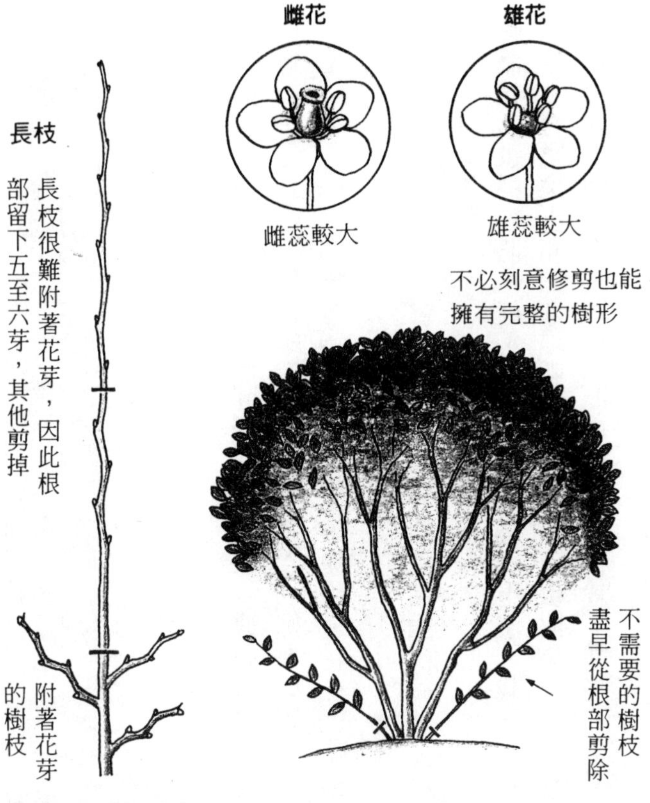
雌花
雄花
雌蕊較大
雄蕊較大
長枝
長枝很難附著花芽，因此根部留下五至六芽，其他剪掉
附著花芽的樹枝
不必刻意修剪也能擁有完整的樹形
不需要的樹枝盡早從根部剪除

Q 會開花但不會結果?

果實是野鳥最喜歡的東西。種子由野鳥搬運，在庭園中能夠實生。

落霜紅為雌雄異株，雌花和雄花在不同株，就算花朵盛開卻不會結果，可能是因為種植的是雄木，果實只會附著在雌木上。

雌雄的區別只要看花就知道了，雌花的蕊突出。

雖是雌木但不會結果，這時就表示附近沒有雄木，這時就要買雄木來種植。此外如果日照不良，也是很難結果。

海棠

●薔薇科
據說是比喻美女的花

春天盛開紅色花朵，使得周圍都亮麗起來。據說唐玄宗在召見楊貴妃時看到她那酡紅的容頰，便問她：「妳喝醉了嗎？」楊貴妃答道：「海棠睡意猶未消。」後人便用這花來比喻美女。

海棠花柄長長下垂，會盛開花朵的海棠別名垂枝海棠，是經常利用的庭園植物。

●栽植 選擇日照良好、排水良好的肥沃土壤。栽植洞穴挖得大些，將腐葉土和完熟堆肥充分混合。適合期為十一月至二月，寒冷地方則為三至四月。如果要植作盆栽，則將紅土混合三成腐葉土。

●整形修剪 落葉期的十二月至二月是適合期。沒有花芽的細枝從根部剪掉，長枝在基部留下數芽後剪掉。很容易從地面開始生長，發現不需要的枝椏就剪掉。

●肥料 二月與八月下旬，將油粕與骨粉等量混合，或是抓一至兩把顆粒狀的化學合成肥料撒在根部。

盆栽則在四到十月為止，除了盛夏，要隔月施與置肥。

●病蟲害 新芽和新梢會發生蚜蟲，要撒殺螟松乳劑或馬拉松乳劑驅除。

樹幹和枝椏會發生介殼蟲，一旦發生要撒殺蟲劑驅除，冬天可以用二十倍的機械油乳劑稀釋液驅除病蟲害。

初夏時節葉會出現橙黃色的斑點，稱為樺鏽病（赤星病），要撒狄森等殺菌劑防除。

利用鐵絲等讓樹枝朝下

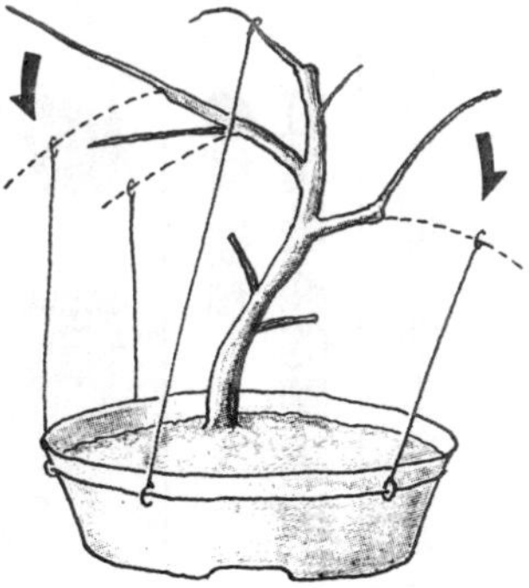

夏天為了避免葉子被曬傷，要做防曬處理

長枝在落葉期留下基部的數芽，其餘剪掉

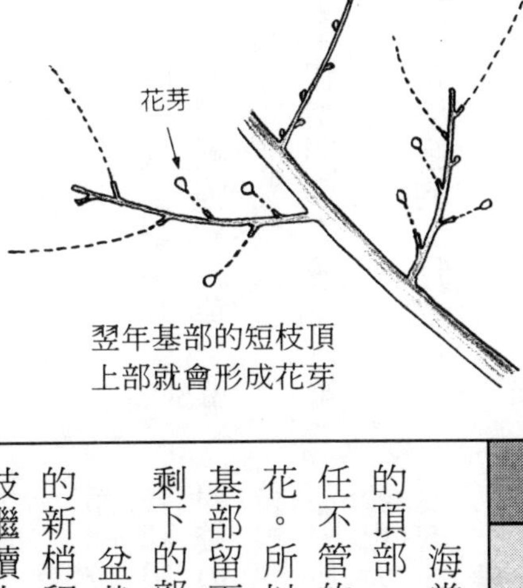

翌年基部的短枝頂上部就會形成花芽

Q 不容易開花?!

海棠花會開在充實短枝的頂部。長枝胡亂生長，放任不管的話會使海棠不易開花。所以在落葉期，長枝的基部留下數芽，其餘剪掉，剩下的部分就形成短枝。

盆栽的話，將充分成長的新梢留下兩、三根當成廢枝繼續生長，其餘在五月中旬至六月上旬摘掉新梢頭。留下的廢枝在落葉期從根部完全剪掉。如果不想留下廢枝，則可利用繩子等將較長的枝椏往下拉。

槭樹

●槭樹科
紅葉美麗的闊葉樹代表種

槭樹類的種類非常多，有秋天葉子會變紅與變黃的種類。

楓樹和槭樹到底有何不同，相信大部分人都弄不清楚，其實是相同的。廣義而言，會生長紅葉、黃葉的總稱為楓樹，但是重視樹形的盆栽界，則將葉子切入部分較多、深裂的稱為楓樹，其他叫做槭樹。

●栽植 在含有豐富的枯葉的有機質的肥沃土壤中栽植，而且排水良好、日照良好。但是如果夏天的西曬強烈，葉子會被曬傷，到了秋天就無法欣賞到美麗的紅葉，因此要避免。

栽植時期從落葉後開始兩個月，小苗在葉開了之後可以當成盆栽處理。

盆栽的話，一至三年內一次芽著色開始膨脹的三月，在紅土中混入兩成砂來栽植。

●整形修剪 槭樹盡可能保持自然的姿態，所以絕不要強力修剪。

落葉後至二月上旬期間，可以整理平行枝、長枝、枯枝、調整樹形。長枝在中途修剪之後可能會再成為長枝，因此要從根部剪掉。粗枝盡可能從根部剪掉，切口可以塗抹癒合劑，防止腐敗菌侵入。

盆栽因為葉是對生的，節間較長，欠缺雅味，所以要利用摘芽的方式，使其節間較短。進行摘芽以後，樹枝根部和分叉處會出現很多芽，放任不管的話看起來過於粗大，不美觀，所以不需要的芽一發現就得摘掉。

●肥料 幾乎不需要肥料。如果含氮肥料太多的話，葉子不可能保持青翠，也不可能有美麗的紅葉。

●病蟲害　會出現天牛幼蟲的蟲害問題。可以在樹木根部挖個帶有鋸木屑的洞穴，用鐵絲等捕殺，或者是將十倍的殺螟松乳劑稀釋液灌入洞口驅除。夏天的乾燥期會發生蚜蟲、介殼蟲等，一旦發生就要撒鈣殺畏乳劑等驅除。

葉和新芽可能會出現白色黴狀物體而發生白粉病，這時就要撒狄森水合劑等來防除。

普通種

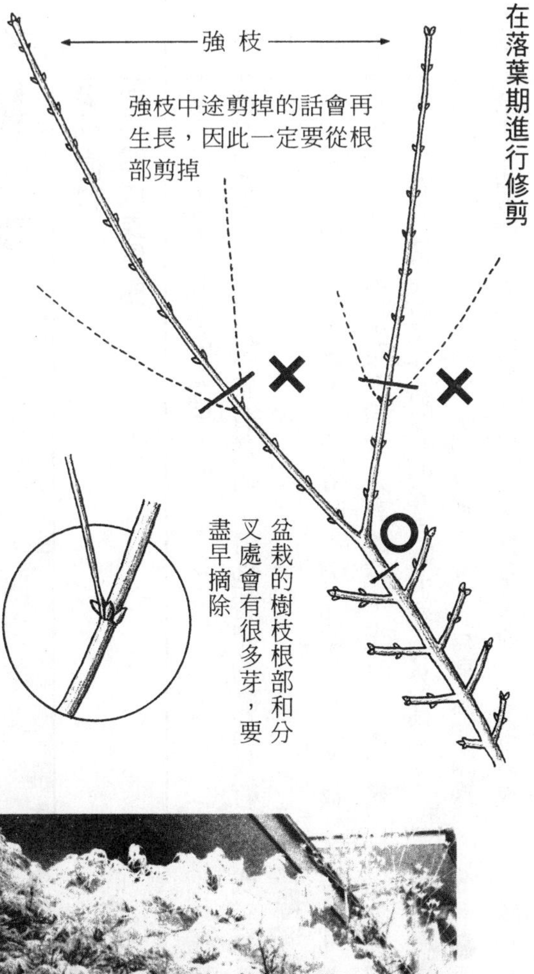
在落葉期進行修剪
強 枝
強枝中途剪掉的話會再生長，因此一定要從根部剪掉
盆栽的樹枝根部和分叉處會有很多芽，要盡早摘除

柿樹

●柿樹科 日本的代表果樹

它算是家庭中廣為栽培的果樹。有甜柿和澀柿，自古以來就有栽培，各地特產的品種具有不同的特色。

甜柿在寒冷的地方無法完全去除澀味，因此適合於暖地栽植。柿樹為雌雄兩花，但是有些樹木只有雌花，光是一棵樹幾乎不會結果。只有種植在有雄花附著的禪寺附近才容易結果。

觀賞用的柿樹在十幾年前從中國傳到日本，為常綠性深綠色小葉，結成如拇指般大的橙紅色果實，非常美麗，適合當成庭園植物或盆栽。

●栽植　適合日照良好、排水良好的肥沃土壤。細根容易乾燥，一旦乾燥容易受損，因此要避免乾燥。為直根性，栽植的洞穴要挖得深些，充分混合完熟堆肥進行填土栽植。栽植時期以十一月下旬到翌年的三月上旬比較適合。

●肥料　栽植的第一年枝只會長一點，因此不必施肥。從第二年開始，要施與寒肥、追肥來培植。

●整形修剪　通常果樹的樹枝很有元氣的生長，不會有花芽附著，但是柿樹不同，花芽在粗大有元氣的枝端會形成二至三芽，所以不會形成徒長枝。修剪時期在十二月到翌年二月，對於徒長枝和細枝，以及太過深入的部分要進行疏枝，絕對不可以剪掉枝頭。

●病蟲害　果實和樹枝形成暗褐色斑點的炭疽病，或者是形成黑色小斑點的黑星病，在冬天要撒石灰硫黃合劑。萌芽後可撒狄森或波爾多液等防除。

蒂蟲在六月與八至九月會發生，若是啃食果實內就會造成早期落果。五月下旬到九月要定期撒殺螟松乳劑進行預防驅除。

雄花與雌花

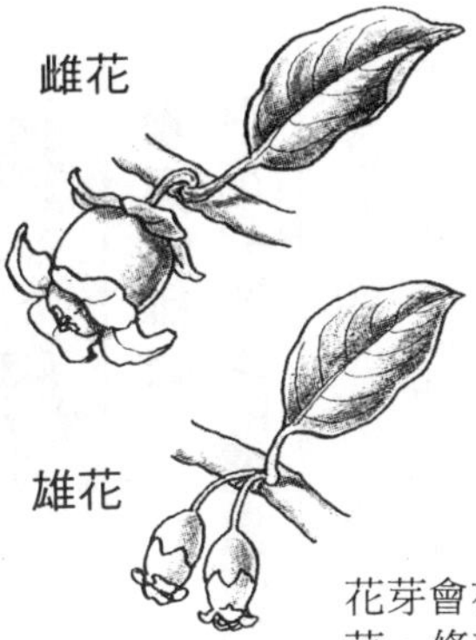

柿樹幾乎都是沒有雄花附著的品種。要種植時最好種植花粉樹。

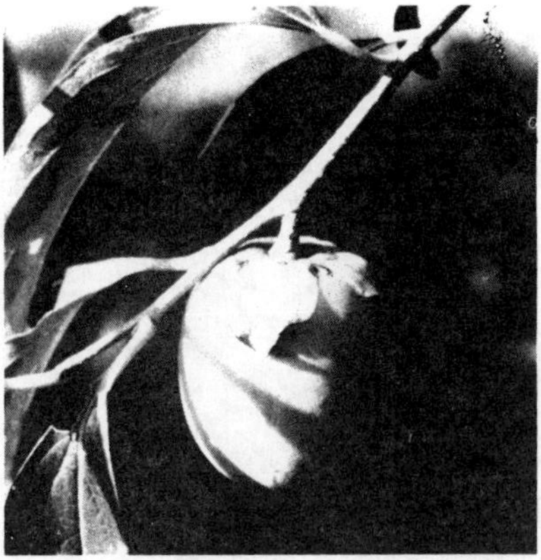

花芽會在粗大有元氣的樹枝頂部附著二至三芽，修剪時要剪掉徒長枝、弱枝，而剩下的樹枝前端不可剪掉。

Q 雖然結實但落果較多

依落果的時期不同，有各種原因。在開花後半個月左右的落果為生理現象，是因為沒有完全受粉或者果實太多所造成的。這在七月中旬左右就會結束，之後，果實在長大後再掉落是因為蒂蟲為害，五月下旬到九月要定期撒殺蟲劑。如果出現黑色凹陷斑點而早熟落果，則是炭疽病，冬天要撒石灰硫黃合劑加以預防。此外，生理落果後果實較多時會減弱樹勢，造成隔年結果，因此一枝留下一果，其他的要摘掉。

夾竹桃

●夾竹桃科

在花朵較少的盛夏時節開花

不畏懼強烈的日照，會開紅白色的鮮艷花朵。有原產印度的夾竹桃，以及原產地中海沿岸的西洋夾竹桃。

●栽植　日照不足時開花不良。要種植在日照良好、排水良好處。移植並不好，最好多考慮一下。不必特別挑選土質，栽培的土中加入充分混合的腐葉土和完熟堆肥，填土栽植，時期以暖和的五月至九月適合。

●整形修剪　樹枝長得很快，枝頭會開花，所以放任不管會形成較大的樹形。三月至四月時要進行整形修剪，如果從枝椏的中間修剪，這個部分會長出很多小枝，造成樹形紊亂，而且日照和通風不良，花朵長得不好。所以修剪時一定要從樹枝根部剪掉。

從切口流出的白色汁液含有有毒成分，注意不要沾到眼睛或傷口。

●肥料　不需要特別的肥料。如果是貧瘠的土壤，三月時可以施用等量混合的油粕與骨粉，或是抓一到兩把的顆粒狀化學合成肥料，撒在根部即可。

●病蟲害　春天到夏天時，會發生新梢和葉內呈現金黃色的夾竹桃蚜蟲，一旦發生要撒甲基乙拌磷乳劑等殺蟲劑驅除。葉從黃色變為褐色、有斑點的黃斑病發生時，則必須撒狄森等殺菌劑防除。

●整形、修剪的方法

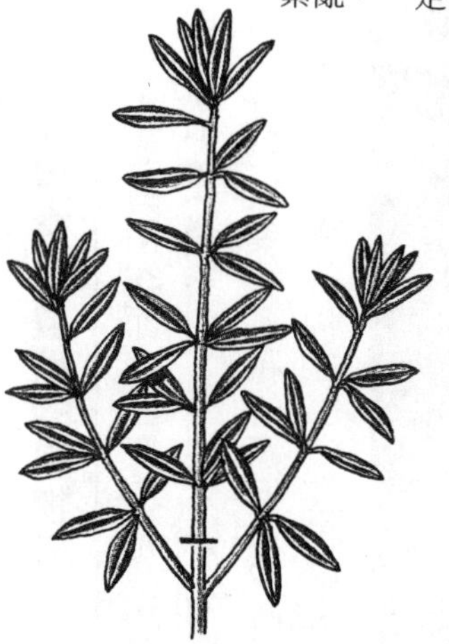

剪掉使樹形紊亂的枝椏

如果從樹枝中間剪斷，會長出小枝，導致樹形紊亂，一定要避免

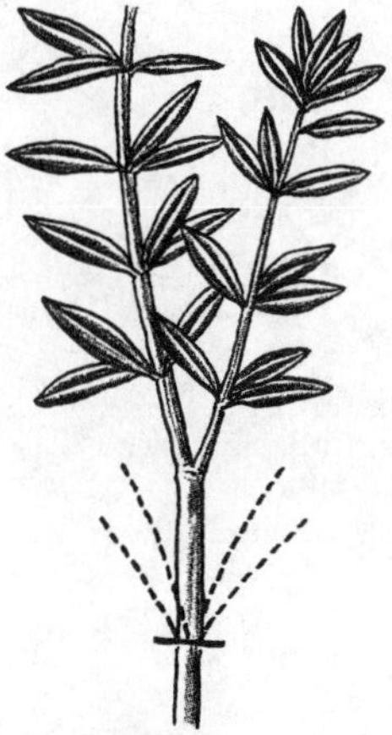

10 月到翌年 4 月之間，把枝條整理為 3～5 根，稍微大力地修剪樹枝

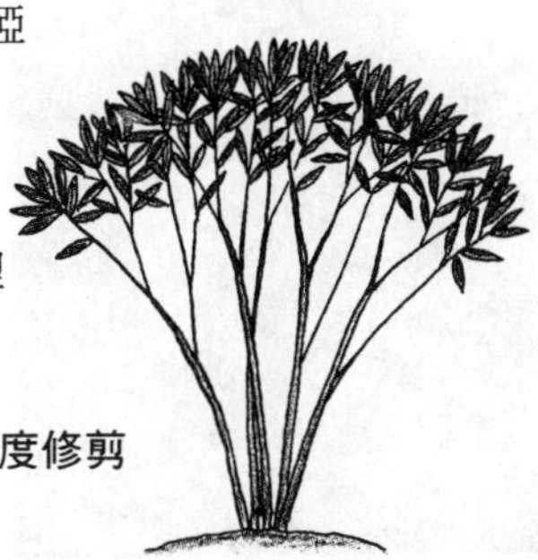

中度修剪

Q 如何以插枝的方式栽植呢？

插枝以三月中旬至四月中旬、六月中旬至八月上旬、九月為適合期。春天插枝要以前年枝或兩年枝為插穗，夏秋插枝則以本年生的充實枝或前年枝來進行。夏天插枝如果使用不充實的新梢，則因為暑熱可能會枯萎，無法發根。用新梢當作插穗時要避免枝頭的部分，選擇較硬的下部。剪成二十至三十公分長的插穗，剪掉下部的葉，泡在水中一至二小時。如果插枝是在紅土或鹿沼土等肥料較少的土壤，會發根，而且在四十至五十天能當成苗木廣泛栽植。

石榴

●石榴科

花和果實是夏秋的風物詩

在煩人的梅雨季節盛開紅色花朵的石榴，果實具有獨特的外形，在秋天成熟裂開，看到淡紅色的種子。

大致分為主要觀賞花的石榴和採收果實的石榴，花有八瓣花、白花、果實或為紫紅色，還有矮性種或枝幹特別扭曲的，品種很多。在盆栽方面是受歡迎的樹種。

●栽植　適合日照良好、排水良好處。不喜酸性土，所以要充分混合腐葉土，形成中性或弱酸性土壤。栽植洞穴稍微挖得大些，充分混合完熟堆肥，使用較高的填土栽植法。因為本有暖地性，所以要等到暖和的三月中旬到四月上旬比較適合。若是在溫暖地區，一至二月也可以栽植。

●肥料　避免含氮過多的肥料。等量混合油粕與骨粉，在二月與九月上旬抓二至三把撒在根部。

盆栽時，等量混合油粕與骨粉，在四至十月隔月施肥。如果是結果實的石榴，則從開花到結果為止，施肥分量要減半。

●整形修剪　花芽會附著在今年充實生長的短枝上，翌年冒出新梢，在樹梢頭開花結果。長枝的基部留下五至六芽，做疏枝處理，適合期為二月。徒長枝和從地表長出來的樹枝，要盡早從根部剪掉。

●病蟲害　會發生葉出現茶褐色斑點的斑點病，可以撒狄森等防除。五至六月與八至九月會發生介殼蟲，放任不管將成為煤煙病的誘因，要撒西維因乳劑驅除，冬天用機械油乳劑有效。

●開花的方式與修剪的方法

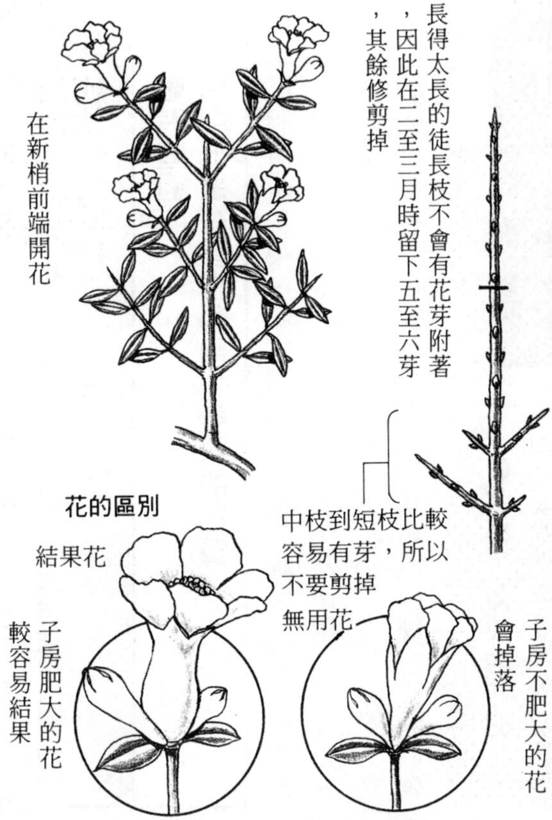
在新梢前端開花
長得太長的徒長枝不會有花芽附著，因此在二至三月時留下五至六芽，其餘修剪掉
中枝到短枝比較容易有芽，所以不要剪掉
花的區別
結果花
子房肥大的花較容易結果
無用花
子房不肥大的花會掉落

Q 不容易結果

花芽在夏天時會出現在今年成長充實的短枝前端，如果強力修剪把花芽給剪掉，當然不容易結實。整形修剪要剪掉徒長枝。此外如果種在日照不良處，也不容易結果。要適當地疏伐，使所有樹枝都能曬到太陽。

梔子花

●茜草科

以前把果實當作藥用、染料的物質

夏天盛開白色花朵，非常的香，映襯著綠色的葉子顯得格外清新。橙黃色的果實當作食品或衣物的染料使用，在花朵較少的秋冬庭園增添色彩。

果實成熟以後並不會裂開，由於形狀類似中國古代的酒器「梔」，因而命名梔子花。

●栽植　為暖地性的花木，因此要避免會受寒風吹襲之處。在陰涼處也能成長，不過在日照良好處比較容易開花。

選擇富於腐植質的土壤較好，栽植洞穴挖得大些，將完熟堆肥和腐葉土充分混合，填土栽種。為了防止乾燥，根部要鋪上腐葉土。

栽植時期以氣候暖和的四月中旬到六月與八月下旬到九月最為適合。

盆栽時在第一、二年的四月中旬到五月上旬有一次要在紅土中混入三成腐葉土，用來栽植。

●整形修剪　花芽在七至九月時會附著於新梢的頂部。秋天以後若是強力修剪，會剪掉花芽。

開花結束以後，盡早將紊亂樹形的枝椏或是過於深入部分的樹枝進行疏伐修剪，要從根部修剪。

由於很容易從地面長出樹枝來，所以不需要的盡早從根部剪掉。

●肥料　二月抓二至三

把油粕混合三成骨粉的肥料撒在根部。盆栽的話除了盛夏時節，從四月到十月隔月施與置肥。

●**病蟲害** 會發生介殼蟲，要使用殺螟松乳劑等殺蟲劑驅除。葉子出現茶褐色或暗褐色病斑的斑點病，要撒狄森等殺菌劑防除。

●疏伐修剪

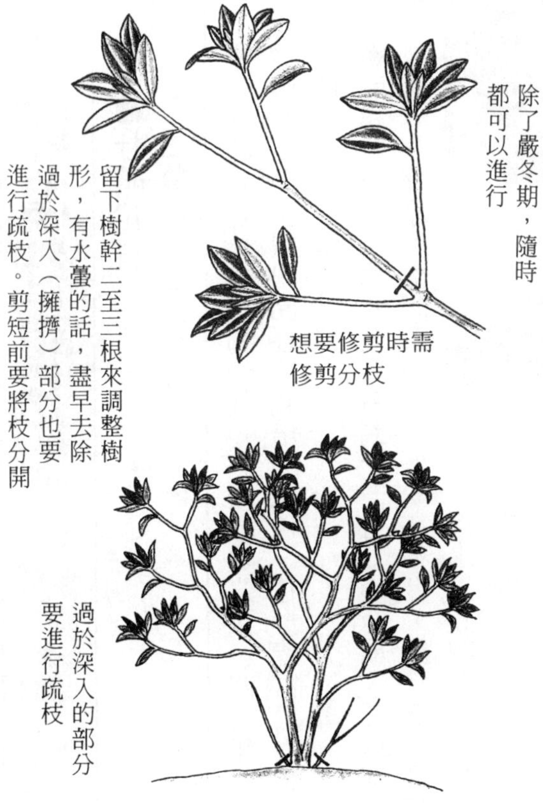
除了嚴冬期，隨時都可以進行
想要修剪時需修剪分枝
留下樹幹二至三根來調整樹形，有水蘗的話，盡早去除過於深入（擁擠）部分也要進行疏枝。剪短前要將枝分開
過於深入的部分要進行疏枝

Q 霎時就掉光了……

梔子花的大敵就是蟲害。五至六公分的青蟲，會使盆栽在一夜之間變得光禿禿。幼蟲從六月到十月，一年會發生三次，因為具有綠色這層保護色，很難發現，可是在葉子和根部會有黑色糞便，仔細觀察還是發現得到。一旦發生就要捕殺，或是撒敵百蟲乳劑、殺螟松乳劑等驅除。

印度杜鵑花

●杜鵑花科

花色豐富，受人歡迎

印度杜鵑花是杜鵑花的一種，栽培歷史悠久，四百年前就已經從野性種中挑選出品種來栽培。花色、花形皆富於變化，是最受歡迎的園藝植物之一。

●栽植 三月到六月及九月到十一月為適合期，暖地則可整年栽植。在陰涼處也能成長，但是開花不良，最好選擇日照良好、排水良好的地方。為細根性，喜歡酸性土，栽培用土要充分混合完熟堆肥、腐葉土等。

盆栽在開花後盡可能使用鹿沼土混合泥炭蘚的土來栽植。印度杜鵑花會長出很多細根，每一～二年要移植一次，如果懶得移植，在盆中會根深柢固，導致通氣、排水不良，減弱樹木的力量。

●整形修剪 萌芽力極強，必須強力修剪。希望株較大時可以略微修剪，不希望太大株就要大加修剪。花芽在七至八月會附著於新梢前端。在此之前的修剪保持萌芽的新梢充實非常重要，所以在開花結束後就要立刻進行修剪，拖延的話會使開花不良。九月以後的修剪要剪掉花芽。整理紊亂的樹形。

盆栽在開花結束後立刻要將朝上或朝下生長的新梢從根部剪掉，如果剩下的新梢長得太長，也要適當地修剪。

●肥料 開花結束與九月時，要抓二至三把油粕混合三成骨粉的肥料撒在根部，腐葉土也是。盆栽則在二月與九至十一月隔月施行置肥。

●病蟲害 春天到秋天會有蚜蟲、葉蟎、卷葉蟲、介殼蟲等發生。因此除了開花期外，要定期撒殺螟松乳劑、鈣殺畏乳劑加以預防。介殼蟲在冬天要撒機械油乳劑來驅除。

開花時如果花瓣出現斑點，就表示發生花腐菌核病，要摘下被害花燒掉，撒狄森防除。

●整形修剪的方法

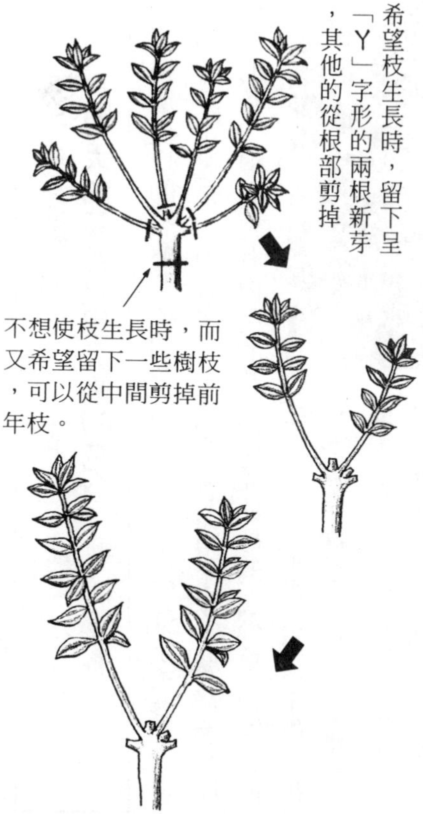
希望枝生長時，留下呈「Y」字形的兩根新芽，其他的從根部剪掉
不想使枝生長時，而又希望留下一些樹枝，可以從中間剪掉前年枝。

Q 花苞枯死？

好不容易長出的花苞卻變成茶褐色枯死，這是因為遭到花苞蟲啃食所致。花苞蟲在四月到九月，一年會發生三次。開了花苞時，花苞蟲就會鑽入其中啃食，而使花苞枯死。沒有花苞時會啃食新芽的內部，致使無法形成花苞。

所以要定期撒殺螟松乳劑和鈣殺畏乳劑加以防除。

紫薇

一百天內裝飾夏日庭園的花朵

●千屈菜科

不畏懼夏日的暑熱，盛開花朵將近一百天的就是紫薇。樹幹非常光滑，連猴子爬上去都容易滑下來。紫薇一般開深紅色的花，但是也有白色的花，以島紫薇的樹幹呈小鹿狀最美。矮性實生一至二年會開花的一歲紫薇適合盆栽。園藝品種也不少，花色富於變化。

●栽植　日照良好、排水良好、含有豐富腐植質的肥沃土壤較適合。栽植洞穴挖得大些，將腐葉土和完熟堆肥充分混合，採用填土栽植法時期在櫻花盛開時節到五月上旬。盆栽則在庭土或紅土中混入三成腐葉土，兩年要移植一次。

●整形修剪　落葉期的十一月中旬到十二月間，以及二月至三月，開花的枝從根部剪掉，反覆進行三至四年，枝頭就會形成瘤狀，也要剪掉。很容易從地面長出樹枝來，不需要的就盡早從根部剪除。

盆栽時，在葉子掉落後，白基部留下一至三公分，其餘的剪掉。修剪時的重點就是小枝從根部剪掉，只留下少許粗枝。這種樹與葉腋無關，很容易長出不定芽，因此不必去考慮芽的問題，要留下種植目的的長度，等到翌年春天發芽時，再來考慮修剪的強度和方向，去除不要的芽。

●**肥料**　在二月與九月，將油粕與骨粉等量混合，抓二至三把撒在根部。盆栽的話自五月到十月，隔月施行油粕與骨粉等量混合的肥料置肥。

●**病蟲害**　五月到九月會發生蚜蟲、介殼蟲，誘發煤煙病。蚜蟲不只是葉，連花朵也會發生，要利用甲基乙拌磷乳劑、異馨磷乳劑加以驅除。介殼蟲要用西維因乳劑驅除，冬天事先撒機械油乳劑較有效。七月到九月時，會發生葉上出現白色黴菌的白粉病，要用狄森等殺菌劑防除。

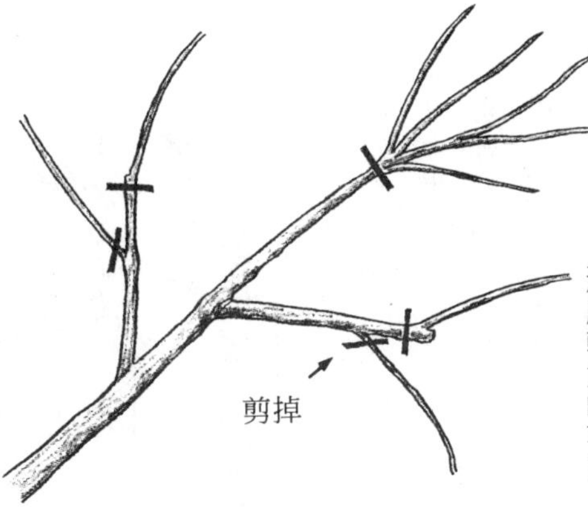

放任不管的話會使小枝密生，花也較小

落葉期稍微強力修剪，就能長出有元氣的新梢，形成較大的花房。

Q　花較小?!

紫薇花盛開在新梢枝頭。花盛開的樹枝不剪掉，任其生長的話，會導致小枝密生、花房變小、只會開些小花。

十一月中旬到十二月或二月到三月時，太多枝要進行疏伐，或是在開花枝下修剪，就能長出很有元氣的新梢。

山楂

●薔薇科

在歐美是代表五月的花

五至六月在枝頭會盛開白色小花，秋天結成紅熟的果實。

山楂原產中國，江戶時代當成藥用木傳到日本，果實較大者可以沾蜜糖吃。

原產歐洲到北非的西洋山楂，稱為五月花，在歐美是代表五月的花，也是美國國花。品種很多、花色豐富。

●栽植　二月中旬到三月中旬為適合期。以日照良好、排水良好、富含腐植質的土壤較佳，如果要盆栽的話，在紅土中加入三成腐葉土來栽植。

●整形修剪　花芽附著於充實的短枝。長枝基部留下五至六芽，其餘的剪掉，就能在基部形成短枝。樹冠內部的細枝從根部剪掉，使得日照、通風良好。盆栽的新梢生長會使樹形紊亂，樹枝在六月剪掉。

●肥料　二月與九月，將油粕與骨粉等量混合，抓二至三把撒在根部。盆栽從四月到十月，除了盛夏時期，每月給與一次置肥。

●病蟲害　會發生蚜蟲、介殼蟲，撒殺螟松乳劑驅除有效。在冬天先撒石灰硫黃合劑對介殼蟲有效。葉出現橙黃色斑點的樺鏽病，要撒狄森等殺菌劑防除。

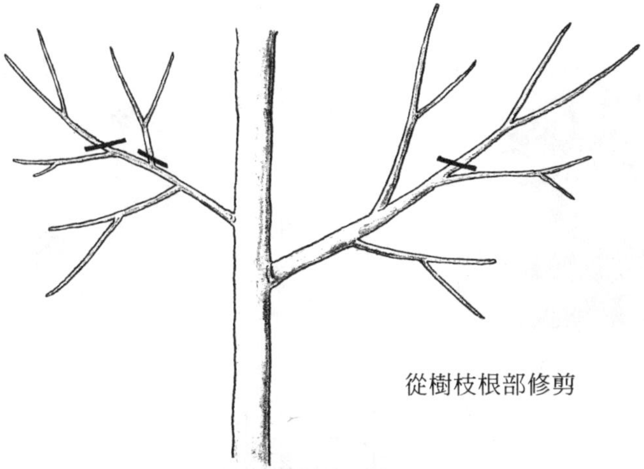

從樹枝根部修剪

Q 如何繁殖山楂？

一般而言，是以接木法進行，不過利用實生，插枝、伏根亦可繁殖。插枝在三月至四月上旬，六月中旬至七月上旬為適合期，春插用前年枝，夏插用今年生的半熟枝當作插穗。穗的基部浸泡水中半天，插入紅土或鹿沼土、砂等土壤中。

實生要採集九至十月落果前的果實，立刻洗掉果肉。種子還沒有乾燥時要保持溼氣，放在陰暗處保存，或是混入帶有溼氣的河砂，埋在土中。春天播種在紅玉土或鹿沼土等用土中，翌年春天便會發芽。

石南

●杜鵑花科

盛開在高山上的日本石南為高嶺花

初夏在深山盛開花朵的石南，需要高度的栽培技術，很難在平地栽植，堪稱高嶺之花。但是園藝化的西洋石南相當普遍，已經廣泛當成庭園植物栽植。西洋石南是以東方石南為基礎，在歐美交配育種而成的，園藝品種很多，花冠極大，花色豐富。

●栽植 選擇排水良好、具有保水力、富於腐植質的土壤。討厭暑熱，因此要避免西曬的地方，落葉樹下較為適合。栽植土中要充分混入腐葉土和完熟堆肥，根會朝四方伸展，因此要進行填土栽植。為細根性，不耐乾燥，所以根部要厚厚地鋪上腐葉土，防止乾燥。

夏天長時間不下雨，非常乾燥時，要澆水灌溉。適合栽植的時期為二月下旬到五月上旬、九月至十一月。盆栽時，鹿沼土中混入三到四成的腐葉土，使用排水良好的土壤。使用平盤栽培時，要進行樹根比平盤邊緣更高的填土栽植法。為了避免樹根直接被陽光照射，要鋪上泥炭蘚。

●整形修剪 整理枯枝，但不需要特別的修剪。想要剪掉樹枝時，一定要從分枝處修剪。若是從中間剪斷樹枝，新芽不會發出來。

如果大量附著的花苞全都盛開的話，則樹勢衰弱，可能造成隔年開花或枝的生長不良，所以九至十月時要摘除中央的花芽。

●肥料 二月與七月要

將油粕與骨粉等量混合的肥料抓一把撒在根部。盆栽的話，四至六月和九至十一月要施肥三次，減少施肥量，以次數來彌補。

●病蟲害　葉出現黑褐色斑點的斑點病、多毛孢菌病、炭疽病等發生時，要撒狄森等代森鋅劑防除。春天到秋天會發生啃食葉的葉卷蟲，要定期撒殺螟松乳劑驅除。

●石南的整形修剪

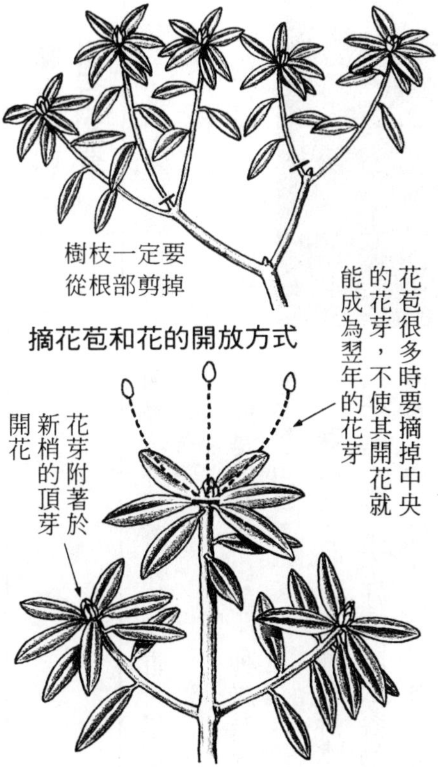
樹枝一定要從根部剪掉
摘花苞和花的開放方式
花苞很多時要摘掉中央的花芽，不使其開花就能成為翌年的花芽
花芽附著於新梢的頂芽開花

Q 想自己繁殖苗木

石南主要是以實生、插枝的方式繁殖。

實生要在十月至十一月朔果裂開之前採種，用利刃劃開花苞，放入袋中自然乾燥，十天左右因為種子會飛出，所以要放在塑膠袋或密閉容器中，置於陰暗處保存。在二月下旬到三月時，播種於含有泥炭蘚的泥土中，到了秋天會長高二至三公分，翌春移植。

插枝以三月、五至七月、九至十月為適合期。春插要使用前年枝，夏秋插則用本年枝當作插穗。

瑞香

●瑞香科
甜香報春

早春，枝頭盛開球狀花朵，瀰漫著甘甜香味的瑞香，是很適合的庭園植物。

一般花為紫紅色，也有白花，或是內側為白色，外緣為淡紅色的品種。

●栽植　一定要種在排水良好處，排水不好的話根容易腐爛。適合種在日照良好、充滿腐植質的土壤中。在半陰涼處也能成長，但是日照良好才能開出美麗的花。

栽植洞穴挖得大些，完熟堆肥和腐葉土與栽植土充分混合，採用填土栽植法。

適合期為四月與九至十月。長大後很難移植，因此一定要考慮清楚栽植的場所。

●整形修剪　放任不理也能擁有自然的樹形，不必特別修剪。

但是小枝密生會造成通風不良，形成病蟲害發生的原因，密生部分的枝椏及長枝，在開花後從根部剪掉。

花芽在七月時附著於新梢頂部，用此秋天以後的修剪只要整理紊亂的樹形及樹枝即可。

●肥料　二月與九月上旬將等量混合的油粕與顆粒狀化學合成肥料抓兩把撒在根部附近。

●病蟲害　會發生蚜蟲，要撒殺螟松乳劑等驅除。

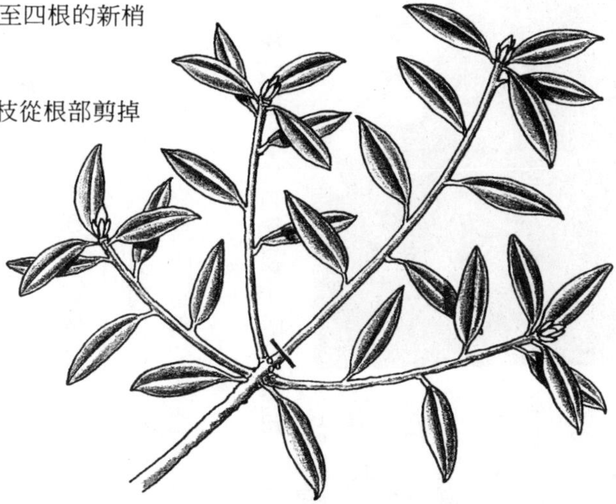
開花結束以後，前端附近會長出

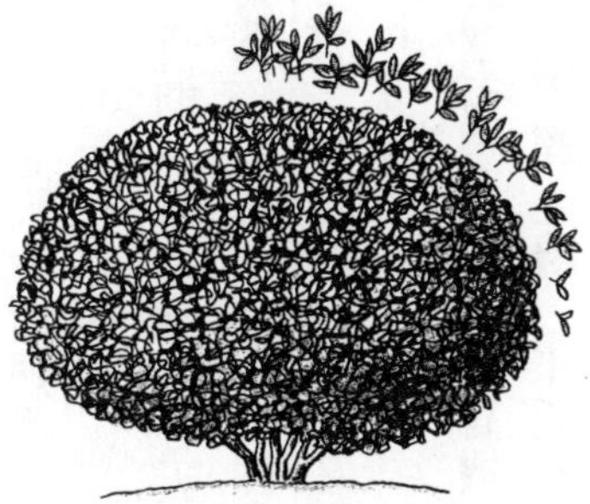
修剪時留下
少許前年枝
在花開完後
立刻修剪

Q 很難移植……

瑞香的移植很難，即使是種樹的人也很討厭。由於它是直根性、細根較少，切口不容易癒合，又很容易罹患白紋羽病等而枯萎。白紋羽病就是在根部表面有如蜘蛛絲般的菌絲纏繞，導致根部枯萎。這種病具有土壤傳染性，一旦發生很難治療，必須挖起發病株燒掉。

像瑞香等很難移植的樹木，在栽植前要仔細考慮栽植的場所。

竹類

●禾本科

庭園中不可或缺的植物

筆直生長的綠竹具有獨特的風情，是庭園不可或缺的植物。此外，自古以來當作建築、工藝材料使用，是大家所熟悉的重要植物。

●栽植 在竹筍長出的一個月前是適合期。若是會在春天長出竹筍的竹子在三至四月栽植，秋冬會長竹筍的竹子則在八至十月上旬栽培。

選擇含有豐富枯葉的有機質、肥沃的溼潤土壤，才能避免細根乾燥。栽植以後要插支柱固定。

●整形修剪 竹子放任不管也可以，但是長得太大就不適合當成庭園植物了。竹子如果開始長得太高時，到達希望的高度後就要將前端的枝去除，或是從節上折斷，它就不會再往上長，然後樹枝便會展開，前端的枝會朝上，形成美麗的形狀。修剪時要留下三節枝，每年二月中旬至三月上旬進行修剪，就能產生很多小枝。

竹子在二月從根部剪掉，進行更新較好。

如果是盆栽，專家的手法是以人為方式剝開竹筍皮，塞在節間，但是剝皮需要技術，因此，一般是在芯芽葉開放之前拔掉芯部，或是在舊幹冒出新芽之前從根部剪掉。

●肥料 二月時，油粕

中混入二十%的骨粉，撒在根部。

●病蟲害 介殼蟲、蚜蟲、煤煙病等會發生，要定期利用撒藥劑的方式驅除。

●竹子的修剪

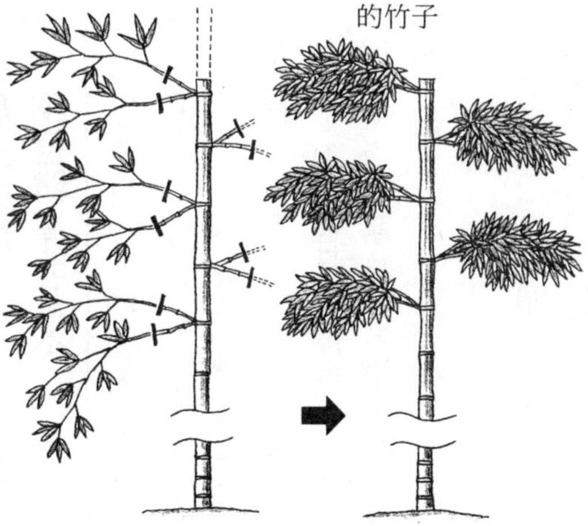

大型種將芯固定在二十至二十五節，枝修剪一半。中型種芯固定在十節左右，修剪時枝椏留下兩節。

開始長葉子時，竹枝前端剪掉三節

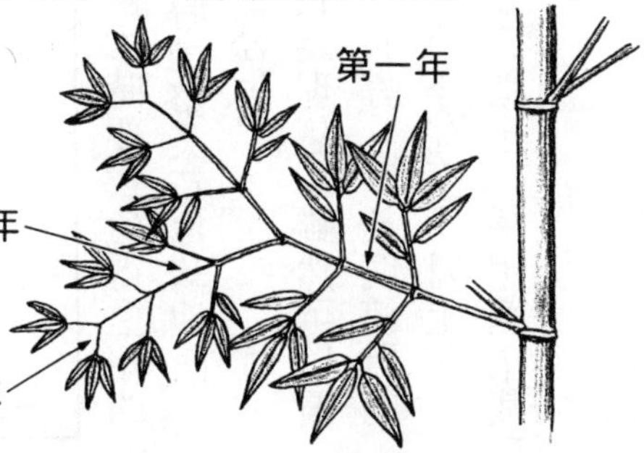

Q 竹筍長到隔壁去了……

竹子的地下莖橫向生長，因此種在狹窄的庭園中，竹筍可能長到隔壁去了，而造成他人的困擾。

為了避免根過度伸展，可將鋼筋混凝土管埋在地底一公尺深處。

然而，竹林中的鳳尾竹、觀音竹等沒有地下莖，就算彼此距離遠一些，也不會延伸長出筍子，適合當作樹籬。

山茶・茶梅

●山茶科

花容豐富的花木

自古栽培的山茶有很多品種。購買苗木時要找值得信賴的商家確認品種。山茶大都春天開花，花謝時是整朵花掉落地面。茶梅主要是在秋天到冬天盛開，花瓣會零散掉落。

●栽植　不會吹到冬天乾燥冷風處較為理想。雖然可以種在陰涼處，但是盡量選擇日照良好、排水良好、富於腐植質的土壤種植。適合期為氣候溫暖的四月或八月下旬至十月上旬。栽植洞穴挖得大些，充分混合完熟堆肥及腐葉土，採用填土栽植法。

盆栽的話，在開始長芽的四至五月進行。用土是紅玉土中各混入兩成的腐葉土和砂，排水要良好。

●整形修剪　花芽在開花結束後生長的新梢頭於六月中旬至七月出現，修剪要在花剛謝後進行。在七月以後修剪的話，花芽會被剪掉，只要修剪紊亂樹形的樹枝即可。如果不希望樹形太大，生長力較強的樹枝從根部剪掉。

●肥料　一至二月的寒肥，四至五月的禮肥，八至九月的追肥，共施行三次。油粕與顆粒狀化學合成肥料等量混合，抓一至二把撒在根部。

●病蟲害　花苞和花變成褐色，早期會掉落的花腐病，為了避免病情擴大，要盡早將花苞和落下的花蒐集起來燒掉。開花前撒代森鋅劑二至三次就可以預防。初夏時節，芽或葉子漲成好像年糕般的年糕病，一旦發生要撒百菌清水合劑防除。

春天到秋天會不斷發生啃食葉子的茶毒蛾幼蟲和卷葉蟲，要定期撒殺螟松乳劑驅除。介殼蟲在冬天撒機械油乳劑驅除較有效。

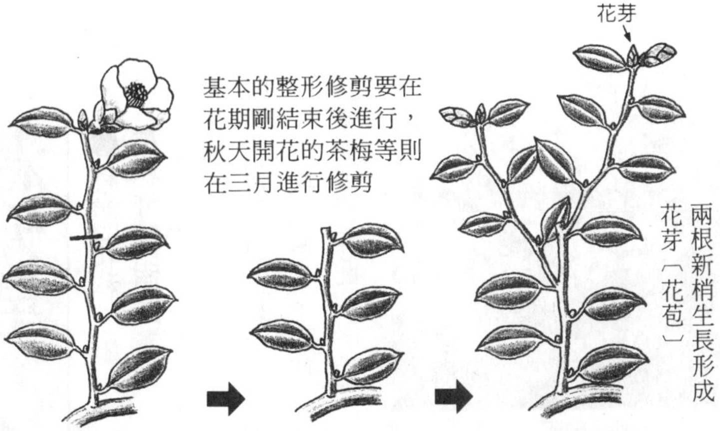
修剪時留下三至五芽

Q 站在山茶旁邊就會發癢……

可能是碰到了茶毒蛾。

這種害蟲會發生於山茶、茶梅等山茶科植物，肌膚接觸到就會引起發疹或嚴重的發癢現象，兒童受害情形極大，可能會發燒，必須注意。

幼蟲在五至六月與七至九月會發生兩次。發生初期在葉子背面會形成綿狀巢，群集在一起。把群棲枝剪下燒掉，才是確實的驅除法。而老齡以後會啃食分散的葉，為害極大，必須撒殺螟松乳劑、鈣殺畏乳劑等盡早驅除。

滿天星

●杜鵑花科

花和紅葉皆美

春天盛開白色花朵，冒出新綠的嫩芽以後，和鮮豔的紅葉相映成趣，觀賞價值頗高，自古就當作庭園植物。

小枝成環狀密生，萌芽力強，因此可以大力修剪，剪成球形、圓錐形或當作籬笆。

●栽植　二月中旬到四月上旬或九月到十二月中旬為適合期。選擇日照良好、排水良好、含有豐富腐植質的肥沃土壤種植。栽植用土要充分混合完熟堆肥，具有保濕性。半陰涼處亦可生長，但是看不到紅葉。

盆栽的話，一至三年栽植一次，在開花後盡早進行。用土則是鹿沼土中混入二至三成的泥炭蘚。

●整形修剪　滿天星的花芽在今年生枝的充實短枝前端，到八月中旬為止會形成，在此之前必須要使修剪後的新梢充實，同時在六月中旬前要結束修剪。八月以後修剪的話會剪掉花芽，那翌年就看不到花了。

三至九月只要修剪會紊亂樹形的枝椏即可，紅葉掉落之後就可以修剪樹形，迎接冬季的來臨。

●肥料　二月與九月，用油粕混入四十％的骨粉當作肥料施於根部即可。盆栽的話從四月到十月，除了盛夏時節，隔月要使用油粕加入三成骨粉的肥料進行一次置肥。

●病蟲害　會發生卷葉蟲、介殼蟲，要撒一千倍的鈣殺畏乳劑稀釋液驅除。發生蚜蟲時要使用殺螟松乳劑或馬拉松乳劑的一千倍稀釋液來驅除。

修剪

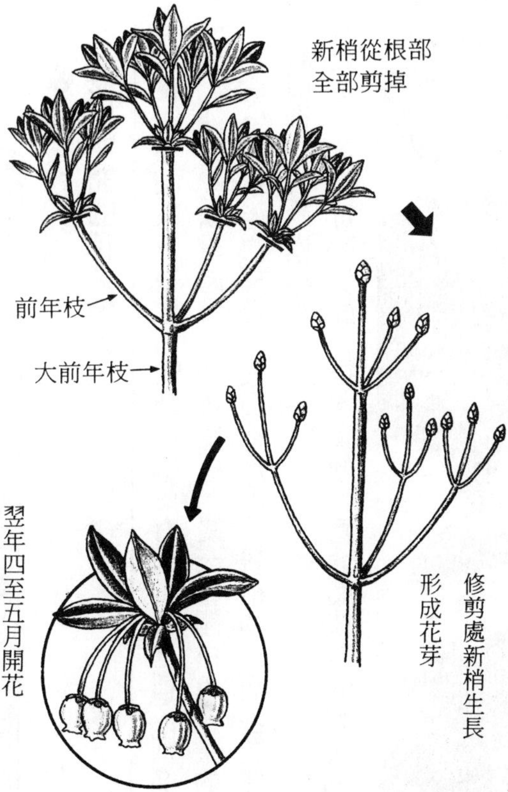

Q 開花不良……

開花不良可能是在修剪時出了問題。

花芽到八月為止會在新梢前端出現，若在這個時期以後才進行修剪，會剪掉花芽，花就不會盛開。

滿天星具有萌芽力，很耐修剪，可以修剪成球形或是當作籬笆，而修剪一定要在六月中旬之前結束。

此外為了觀賞美麗的紅葉，夏天要避免陽光照射過度而使葉子掉落。

持續日照時，栽植土要充分澆水。

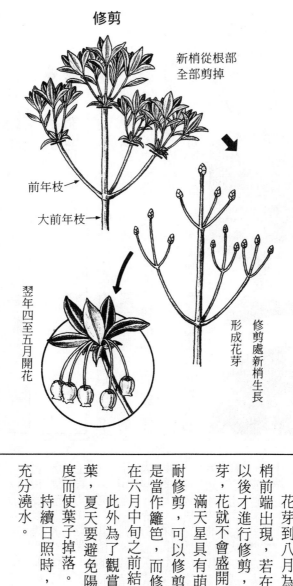

假山茶

●山茶科

夏日盛開的花朵很吸引人

夏日會開和山茶花很像的花朵，因而有假山茶之稱。別名沙羅雙樹，沙羅雙樹是印度的沙羅雙樹，夏天會開白色花朵的假山茶，很受佛教徒的喜愛。假山茶是山茶科植物，而沙羅雙樹則是龍腦香科的高大樹木。

●栽植　適合日照良好、排水良好、富含腐植質的肥沃土壤。不耐乾燥，夏天樹冠部可以曬太陽，但是根部不宜直接受到陽光照射，在相當乾燥的時期，根部要鋪腐葉土等防止乾燥。

適合栽植的時期為二月下旬至三月。栽植洞穴挖得大些，充分混入完熟堆肥和腐葉土，採填土栽植法。

盆栽的話在芽發出銀白色光輝時進行栽植，用土是紅玉土中加入二成腐葉土，一成砂，混合成排水良好的土壤。

●整形修剪　枝朝斜上方生長，就算放任不管也會有美麗的樹形，如果場所狹窄，必須進行修剪，要在落葉期進行，花會盛開於新梢葉腋，在修剪樹枝時，因為朝側面生長的樹枝很難看，因此一定要從根部剪掉。

●肥料　不必特別施肥，但在一至二月要施寒肥。將油粕及等量混合的顆粒狀化學合成肥料，抓一把撒在根部。

●病蟲害　會發生介殼蟲，要撒鈣殺畏乳劑驅除。冬季撒機械油乳劑也有效。

●剪枝的方法

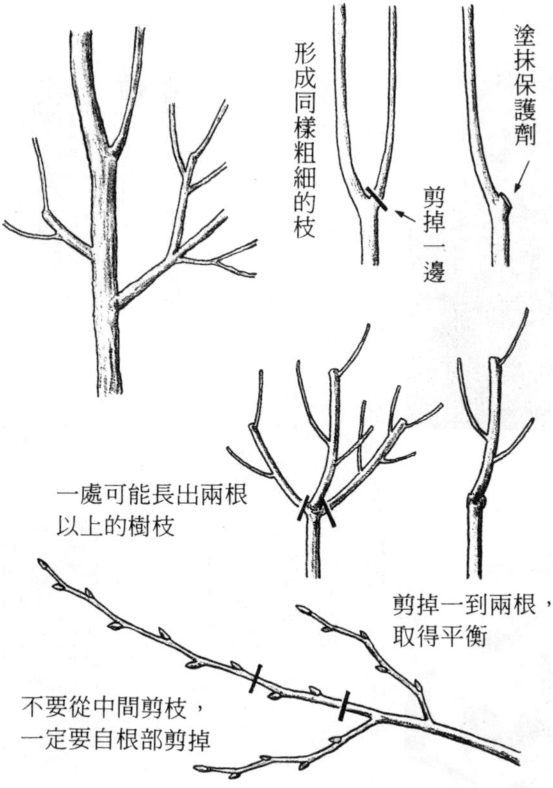
塗抹保護劑
形成同樣粗細的枝
剪掉一邊
一處可能長出兩根以上的樹枝
剪掉一到兩根，取得平衡
不要從中間剪枝，一定要自根部剪掉

Q　假山茶與日本紫荊有何不同

同類但不同種。假山茶自生於東北中部以南，日本紫荊自生於關東以西。假山茶的葉為橢圓形，花徑五公分左右，而日本紫荊的葉為長卵形，花為兩公分左右。

日本紫荊與假山茶相比，枝椏較細，容易分枝，是受人歡迎的盆栽樹種，但是不耐寒，不耐夏季的乾燥，因此，若想種日本紫荊盆栽，夏天放在半陰涼處，冬天放在寒風吹不到的地方加以保護。

南天竹

●小檗科
當成吉祥木栽植

南天竹有「轉難」之意，因此當成吉祥木栽植在玄關旁，也可以種在陰涼處，所以當作陰樹植在廁所等需要遮蔽的地方。

●栽植 在氣候暖和的四月或九月到十月上旬為適合期，要種在日照良好、排水良好處。栽植洞穴挖得大些，將完熟堆肥和腐葉土充分混入栽植用土中。

●整形修剪 花芽會在充實的枝頭形成，翌年只會成長一些開花。一旦結實的枝，翌年不會結實，可以先剪下來當作正月的素材。

放任不管的話枝椏會雜亂無章，因此要整理成五到七根樹枝，不需要的就從根部剪掉。

●肥料 氮肥不可以太多。二月與八月下旬，將等量的油粕與骨粉混合後，抓一到二把撒在根部。

●病蟲害 幾乎沒有，偶而會發生介殼蟲，要撒鈣殺畏乳劑等驅除，冬天可以先撒石灰硫黃合劑的十倍稀釋液，達到防除效果。

●南天竹的整形修剪

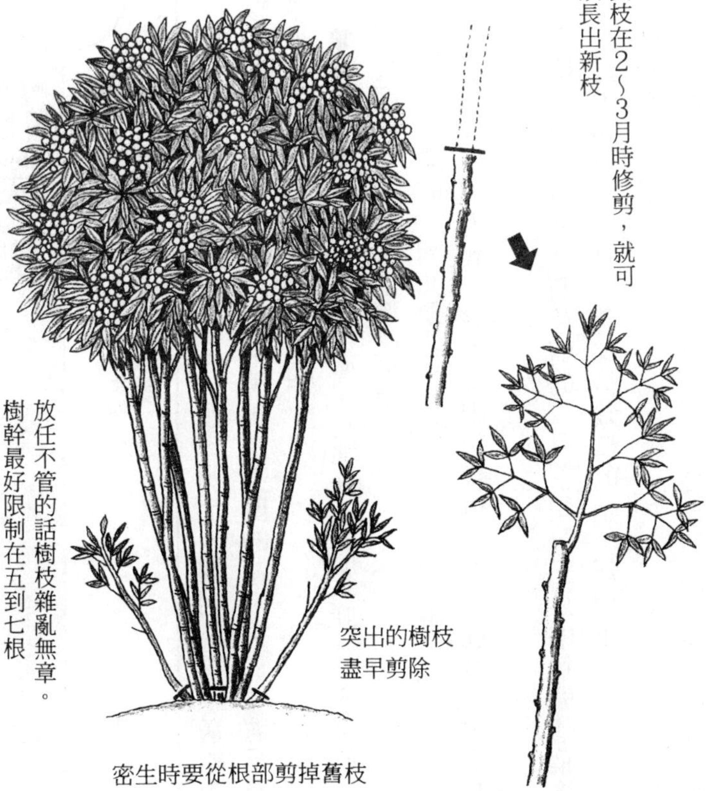
長枝在2~3月時修剪，就可以長出新枝
放任不管的話樹枝雜亂無章。樹幹最好限制在五到七根
突出的樹枝盡早剪除
密生時要從根部剪掉舊枝

Q 花朵盛開卻不會結果？

能在陰涼處生長，可以當作陰樹種在太陽曬不到的地方，但是如果希望結果實，就要種在日照良好與排水良好處。

此外，若是給與太多氮肥，株會比較年輕，但是不容易開花結果。

南天竹的開花期在梅雨時節，雨沖掉了花粉，因此有人說不會結果。所以如果下起長雨，可以用塑膠布遮擋雨水。與其繁殖同一株，不如事先栽植其他的南天竹一到二株，較易結果。

花茱萸

●山茱萸科

花、果實和紅葉都很美

自生於日本山野的四照花同類。明治末期因為東京送給美國櫻花，美國便回送日本花茱萸。有美麗的花，果實紅熟具有光澤，紅葉也很漂亮，受人歡迎。

●栽植 不必特別選擇土質，只要在日照良好、排水良好、含有豐富腐植質的肥沃土壤處即可成長。花是向上開的，因此要栽植在離建築物較遠處。

栽植洞穴挖得大些，完熟堆肥與栽植土充分混合，用來栽植。

栽植的適合時期為萌芽前的二月下旬至三月中旬與落葉後的十一月中旬至十二月。萌芽後栽植的話，新梢不容易成長，翌年就看不到花了。

●肥料 一至二月與八月下旬，將等量的油粕與骨粉混合，抓一到三把撒在根部。

●整形修剪 花芽於七月時會在粗大、二到三節的短而充實的枝端出現，差不多八月時就會看到圓形花苞。

修剪要在落葉後的十二月至二月進行。修剪沒有花芽的長枝，太過深入的樹枝要進行疏枝，使整個樹冠整齊。

●病蟲害 美國白燈蛾一年會發生兩次，分別是在六至七月與八至九月。幼蟲綴著葉子群棲，發現的話就要剪枝燒掉，或是撒殺螟松乳劑驅除。如果發生介殼蟲，則撒鈣殺畏乳劑驅除，而冬天事先撒二十倍的機械油乳劑的稀釋液有效。

疾病則會發生白粉病和斑點病，可以撒狄森等防除。

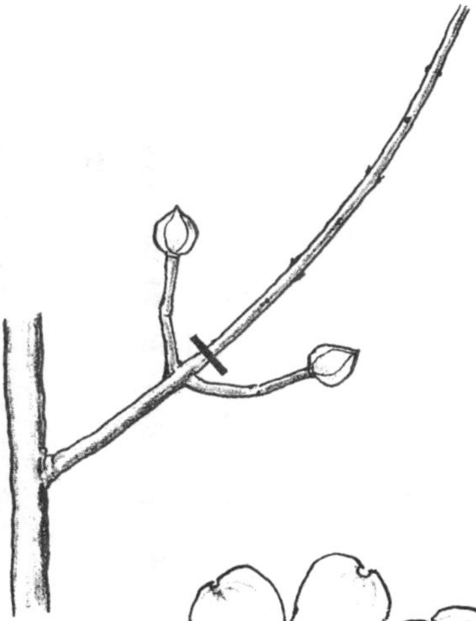

徒長枝不會有花芽附著，沒有花芽的長枝要從根部剪掉

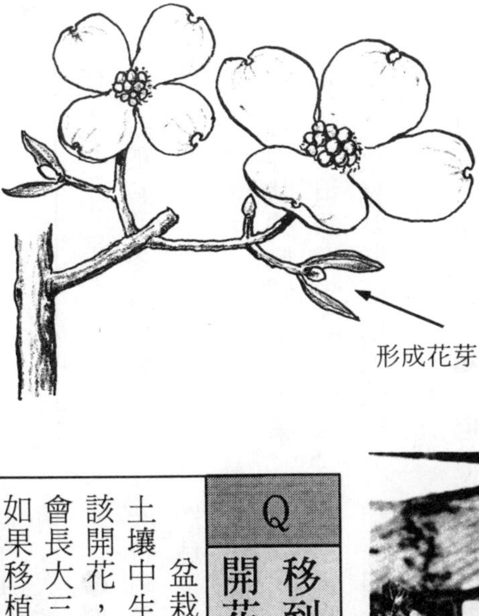

形成花芽

Q 移到庭園中就不開花了

盆栽植物在花盆有限的土壤中生長，因此原本不應該開花，但在一年內可能就會長大三年，所以開花了。如果移植到庭園中，樹木恢復年輕，所以又不開花了。不要給與太多氮肥，好好管理，大概在第四至五年就會開花。

歐亞火棘

紅色果實點綴冬日庭園

●薔薇科

歐亞火棘是歐亞火棘屬的總稱，屬名有「火與刺」之意。

結滿枝頭的果實，秋天為紅色，點綴孤寂的冬日庭園。因為有刺，可以當成籬笆，也廣泛地當成盆栽。

主要種類包括窄葉火棘與歐亞火棘。

窄葉火棘原產中國西南部，葉為細長線狀的橢圓形，全葉背面密生灰褐色的軟毛，果實為橙黃色的平坦球形。歐亞火棘原產南歐到西亞，葉為倒披針形，無毛，果實為鮮紅色或橙紅色的球形。

●栽植 為暖地性樹木，選擇日照良好、排水良好處，但不必特別挑選土質。栽植洞穴挖得大些，完熟堆肥與栽植土充分混合，採填土栽植法，或者也可以事先使用腐葉土等進行覆蓋栽植。四至五月上旬與八月下旬至九月為適合期。盆栽兩年一次，在四至五月上旬利用紅玉土混入兩成腐葉土及砂的用土移植。

●肥料 油粕混入四成骨粉，在二月抓兩把撒在根部。盆栽的話在四至十月，除了梅雨期和盛夏時節，每月一次施與置肥。

●整形修剪 花芽在秋天會附著於今年成長基部的短枝上，翌年只會成長一些，從四月下旬至五月開白色的花。株長大之後會長出有元氣的長枝，長枝沒有花芽，因此從根部剪掉，或留下二十至三十公分，其餘剪掉。修剪時期以一月下旬或三月中旬到下旬適合。

●病蟲害 會發生卷菜蟲、蚜蟲、介殼蟲、天牛幼蟲等。一旦發生，每隔十天要利用鈣殺畏乳劑等撒二到三次加以驅除。

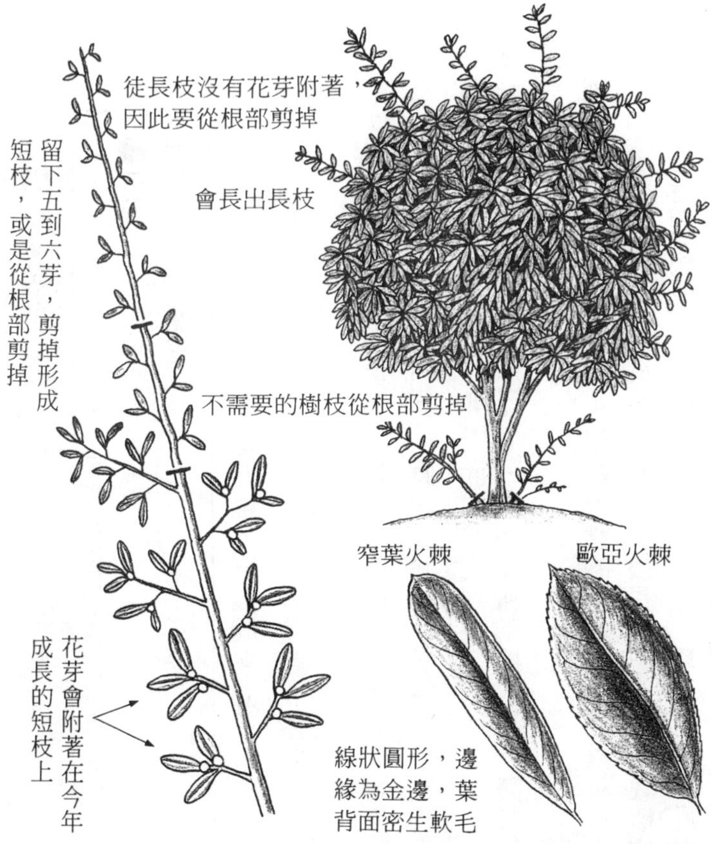
為倒披針形，邊緣有細的鋸齒

Q 今年結果較少……

歐亞火棘去年結果的枝，通常今年不會開花。花芽只會在夏天附著於今年生長的枝基部的短枝上。因此在整形修剪時，一定要留下這類短枝。

山藤

●豆科
長花房非常優美

蝶形的花呈房狀下垂，姿態優雅，自古以來就當作文藝或工藝用品的植物。有藤蔓朝左捲的山藤，以及朝右捲的野田山藤。

山藤的花房為二十至三十公分，比較短，花朵大、顏色深為其特色，花色有紫色及白色。野田山藤的花房為五十至七十公分，比較長，還有一種長野田山藤更長，大約為一・二至一・五公尺，甚至達到一・八公尺。一歲山藤利用接木法，第二年就會開花。

●栽植　適合日照良好、稍微濕潤的土壤，土質以粒質土的肥沃土壤較為理想。由於藤蔓會長得很長，必須考慮栽植的場所。栽植時期以落葉期的十一至十二月，二月下旬到了月中旬適合。栽植洞穴挖得大些，將完熟堆肥充分與栽植用土混合，根盡可能多埋入一些。盆栽的話二到三年在開花後要移植一次，不必特別選擇用土。

●肥料　如果含氮肥過多，開花不良，油粕混入等量骨粉，在二月與八月下旬抓二到三把撒在根部即可。

盆栽在開花後到六月，撒等量混合的油粕與骨粉，到了九月以後再施行少量追肥。因為喜歡水，五至九月時每盆都要放在盛水器皿中。

●整形修剪　花芽會附著在今年充實的短枝葉腋，翌年就會萌芽開花。藤蔓長得很長，但是生長期可以不去管它，或是稍微摘掉一些即可。修剪要在落葉的十二月到三月，確認花芽再進行。

●病蟲害　會發生介殼

蟲，要撒鈣殺畏乳劑驅除。枝或樹幹會長瘤的松瘤鏽病，一旦發生要盡早切除，傷口要塗抹癒合劑或保護劑等加以保護。葉背面出現紅褐色的斑點，是為樺鏽病，要撒狄森等防除。

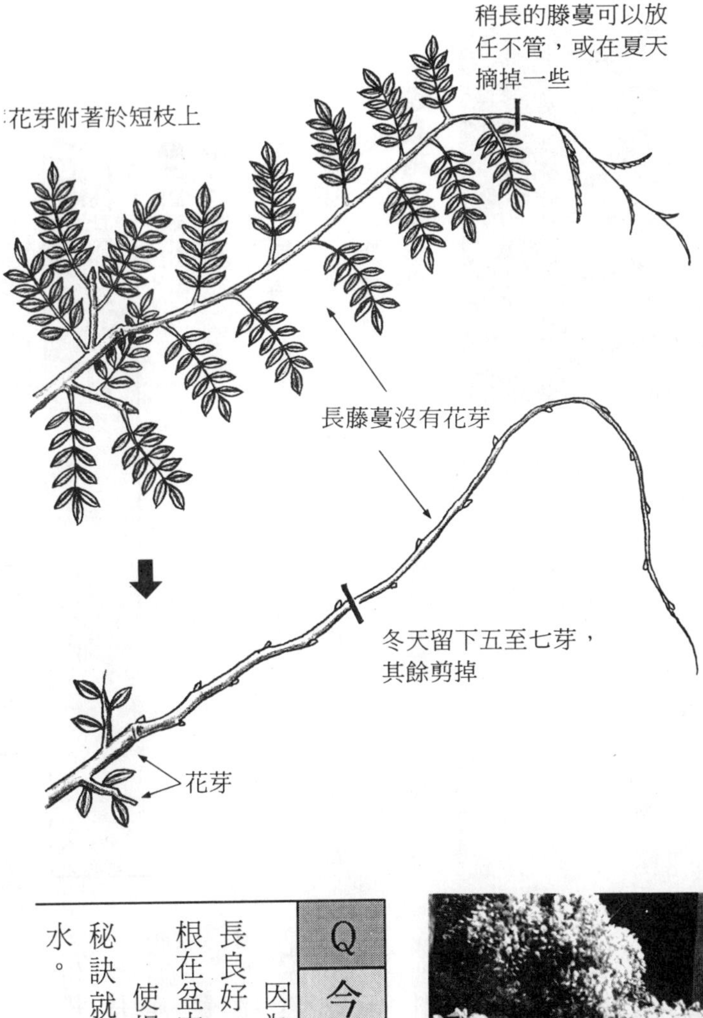
稍長的滕蔓可以放任不管，或在夏天摘掉一些
花芽附著於短枝上
長藤蔓沒有花芽
冬天留下五至七芽，其餘剪掉
花芽

Q 今年不開花

因為肥料不夠。山藤成長良好，根會充分伸展，而根在盆中伸展就容易開花。

使根在盆中充分伸展的秘訣就是盡量給與肥料和水。

貼梗木瓜

●薔薇科
花色豐富

花色豐富，視為早春花木。在日本自生日本木瓜，不過幾乎都是原產中國。選擇苗木時確認品種非常重要，果實可以做成水果酒，具有強壯效果。

●栽植 日照良好、排水良好、富含腐植質、具有保濕性的場所較為理想。不必特別挑選土質，普通的庭園泥土不需要元肥，若是混合砂粒則要充分混入完熟堆肥，具有保濕性。

栽植洞穴挖得大些，根朝四方擴展，採用填土栽植。

秋天最適合栽植。春天栽植的話，容易罹患根頭癌瘤病，所以在九月中旬到十一月為適合期，寒冷地方也可以在二至三月上旬栽植。

栽植後，根部要鋪草或撒腐葉土等加以保護。

●肥料 一至二月時在根部撒雞糞或油粕，當成寒肥，然後在開花結束或剛過後，以及八月下旬至九月上旬，將油粕與顆粒狀化學合成肥料，抓二到三把撒在根部。

●整形修剪 花芽會附著在今年成長的樹枝上，但是長得太長的樹枝不會有花芽附著，只會附著在基部稍微長出的枝椏上，或在三到四年枝的中間亦有花芽附著。修剪要在九月下旬到十一月確認花芽，長得較長的樹枝要留下數芽，其餘的修剪掉。

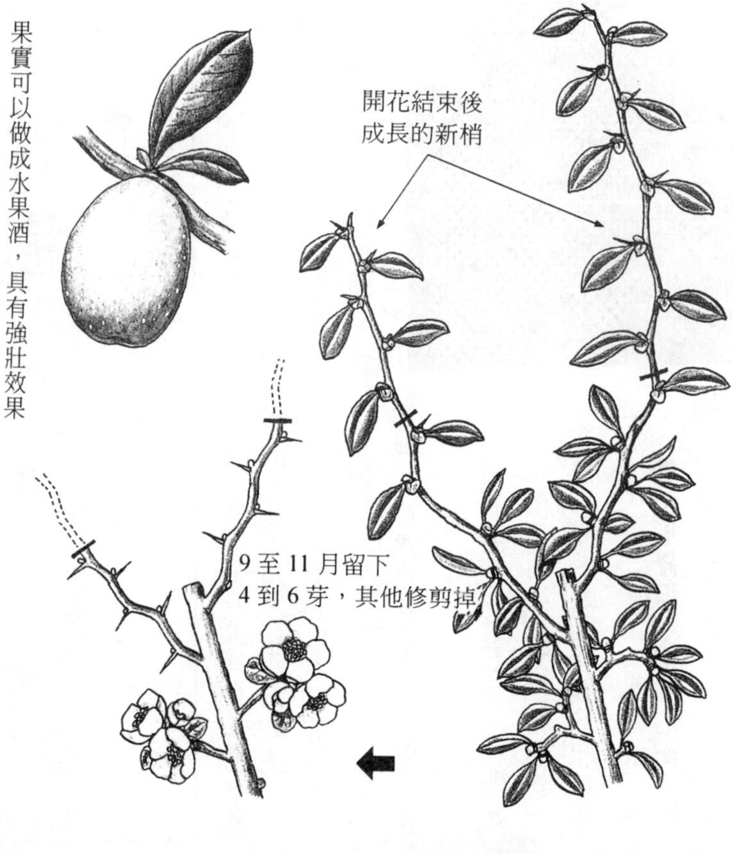
果實可以做成水果酒，具有強壯效果
開花結束後
成長的新梢
9至11月留下
4到6芽，其他修剪掉

●**病蟲害**　會發生蚜蟲、介殼蟲、天牛幼蟲等，要撒殺螟松、鈣殺畏乳劑等驅除。葉會出現橙黃色斑點的赤星病，要每隔十天撒二到三次狄森等防除。

Q 株較大卻雜亂無章

放任不管樹枝即會雜亂無章。可以大力修剪，因此在十月時修剪，調整樹形。叢生灌木狀的貼梗木瓜，留下需要的根數，其他從根部剪掉。剩下的樹枝也要確認花芽，修剪以調整樹形。修剪完後，根部周圍挖溝，放入新土或完熟堆肥當成客土，增強樹勢。

松樹

●松科

代表大自然的樹

代表日本自然風景的松樹，是庭園植物中重要的樹種。種類很多，當成庭園植物的主要是樹幹為灰黑色、葉剛直的黑松，樹幹為紅褐色、柔和的赤松、以及葉為五束生的日本五葉針等。

●栽植　葉開放前的二月下旬到四月為適合期，在日照、通風、排水良好處進行填土栽植。

盆栽的話二到五年，在開始冒出芽的三月中旬到四月中旬，將植物移植到紅玉土混合三成砂的土壤中。

●整形修剪　松樹的樹勢極強，如果怠忽照顧，節間不斷成長。為了維持美麗的姿態，要定期進行整形修剪。

其中最不可或缺的就是「摘嫩芽」與「摘葉」。摘嫩芽就是春天開始成長的芽在開葉前的四月下旬到六月上旬，從根部全摘除。

摘葉則是在十一月到十二月，於摘嫩芽之後長出的夏芽加以整理，同時摘除前年舊葉的作業。這時要整理紊亂樹形的樹枝。

松樹如果將葉子較少的枝剪掉一半，新芽不會生長，反而會枯萎，所以要在新的枝葉處進行修剪。

樹幹和樹枝會彎曲，一旦變得粗大就很難修剪，因此趁著樹木還小時，樹幹尚細，就要調整出基本的樣子。

●**肥料**　二月將油粕混入三十%的骨粉，抓二到三把撒在根部。

●**病蟲害**　病蟲害極多，要注意防除。

蚜蟲、介殼蟲會誘發煤煙病。驅除蚜蟲要撒一千倍的殺螟松乳劑稀釋液，驅除介殼蟲要撒八百倍的殺抗松乳劑稀釋液，冬天則撒二十倍的機械油乳劑稀釋液有效。帶有毒毛的松毛蟲要撒敵百蟲乳劑驅除，夏天的乾燥期會發生魚鱗松葉鏽病，一旦發生就要使用代森鋅劑。發生松瘤鏽病時要切下患部燒掉。

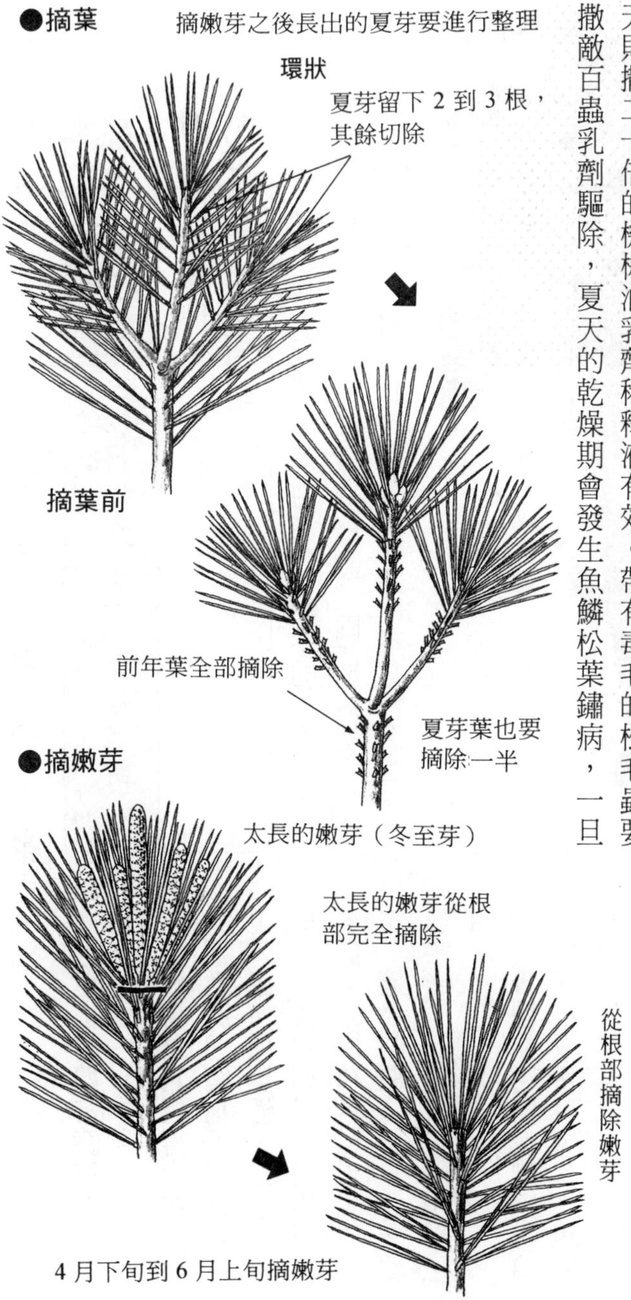
●摘葉
摘嫩芽之後長出的夏芽要進行整理
環狀
夏芽留下 2 到 3 根，
其餘切除
摘葉前
前年葉全部摘除
夏芽葉也要
摘除一半
●摘嫩芽
太長的嫩芽（冬至芽）
太長的嫩芽從根
部完全摘除
從根部摘除嫩芽
4 月下旬到 6 月上旬摘嫩芽

日本金縷梅

●日本金縷梅科

花瓣細小，非常可愛

這是自生日本本州到九州山地的花木。細小的花瓣看起來雖然不氣派，但富山野情趣。花朵盛開枝頭，園藝品種不少。

●**栽植**　如果是日照良好、排水良好處，不必特別選擇土壤，但是喜歡富腐植質的肥沃土壤。

栽植洞穴挖得大些，將完熟堆肥、腐葉土混合栽植土，確保保濕性，採填土栽植法。背景如果有常綠樹，更能襯托出花朵之美。

適合時期為十一月下旬至十二月或二月下旬至三月。

●**肥料**　開花剛過後與八月下旬施肥兩次，將油粕與骨粉等量混合，或是顆粒狀化學合成肥料，抓一到三把撒在根部。

●**整形修剪**　花芽會附著在今年成長充實的短枝葉腋，翌年春天開花。放任不管的話，也有美麗的樹形，但是每年都會增大。十二月至一月時，在過密的部分進行疏伐，太長的樹枝要剪掉，維持樹形。樹枝容易突出。放任不管的話會生出很多的樹枝，變成較大的樹。樹枝整理為二到三根，如果有其他枝幹則要去除。

●病蟲害　根部會發生天牛幼蟲，若有蟲糞附著，要從排出孔注入殺螟松乳劑等防除。

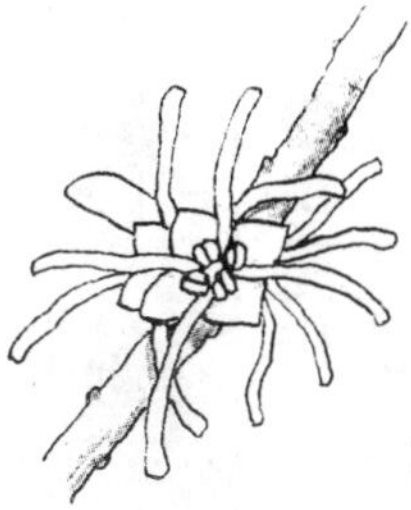

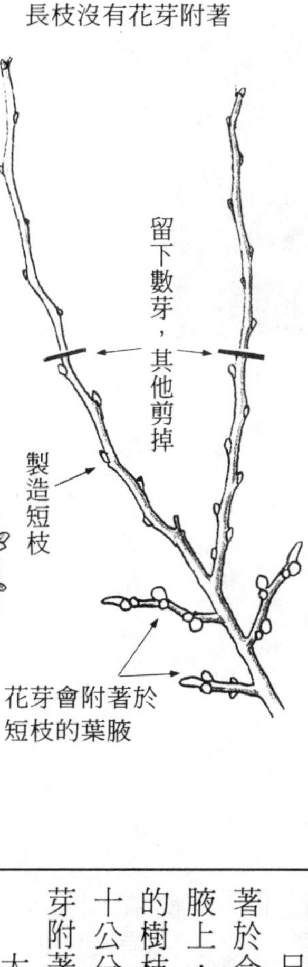

Q 枝椏充分伸展但花較少

日本金縷梅的花芽會附著於今年成長充實的短枝葉腋上，翌年春天開花。太長的樹枝有時會長到二十至三十公分以上，幾乎不會有花芽附著，偶而附著於基部。

太長的樹枝在十二月至一月時，留下基部數芽，其他剪掉，多製造短枝較好。

木槿

●錦葵科

盛夏時節會陸續開花

原產中國。由於花開一天就謝了，因而有「槿花一夢」、「槿花一日的繁榮」等表示人也富貴榮華無常的比喻。因為是一日花，在花較少的盛夏到初秋會陸續開花，廣泛地用作庭園植物或籬笆。

經常看到的是紅色、白色的一瓣、八瓣花，花色和花形皆多。

●栽植 樹勢極強，種在日照良好、排水良好、稍乾的土壤，就算是貧瘠的地方也能成長。時期為二月至四月上旬，十一月至十二月，盡可能避免太慢的栽植。如果是暖地，開花結束之後到十二月都可以栽植。

栽植洞穴挖得大些，充分混入完熟堆肥。

●肥料 一至二月在根部周圍挖溝，埋入一到兩杯完熟堆肥或乾燥雞糞，此外九月抓兩把顆粒狀化學合成肥料撒在根部。

●整形修剪 大多數花木的花芽會附著在前年枝上，但是木槿的花芽是附著在春天開始成長的新梢葉腋，由下依序往上盛開。

整形修剪要在葉落光的十二月到三月上旬進行，連今年成長的部分都可以剪掉，基部留下七至十公分。不需要的樹枝就從根部剪掉，而自地面生長的樹枝也可以盡早去除。

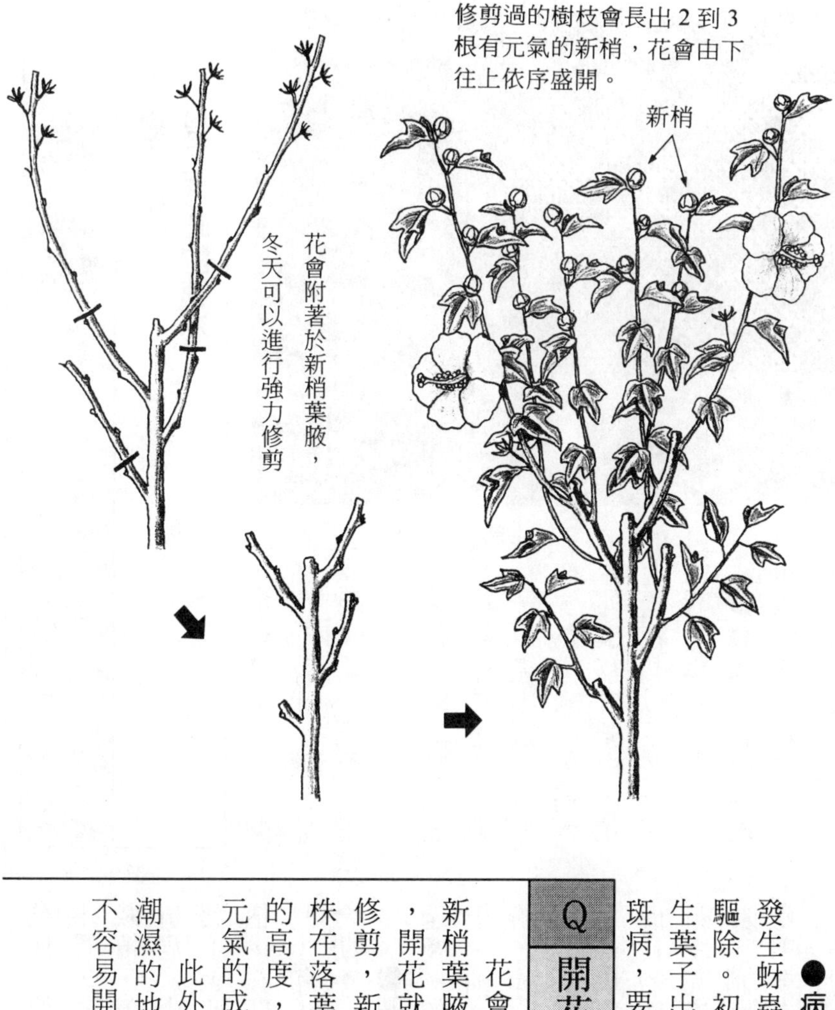
修剪過的樹枝會長出2到3根有元氣的新梢，花會由下往上依序盛開。
新梢
花會附著於新梢葉腋，冬天可以進行強力修剪

●病蟲害　萌芽時期會發生蚜蟲，要撒殺螟松乳劑驅除。初夏到秋天為止會發生葉子出現暗褐色斑點的褐斑病，要撒狄森等防除。

Q　開花不良

花會附著在今年成長的新梢葉腋上，新梢成長不良，開花就會不良。如果怠忽修剪，新梢成長不良，放任株在落葉的冬季修剪到想要的高度，就能使得新梢很有元氣的成長。

此外，在陰暗處或是太潮濕的地方，成長不良，也不容易開花。

桂花

●木犀科
具有香味的花木

走在路上，突然聞到桂花的香味，讓人感到秋意正濃，引發了鄉愁。

桂花中最為常見的就是會開橙黃色花的金桂花，原產中國，雌雄異株，為常綠的中高木。此外還有會開白色花的金桂花，以及花為黃白色的桂花。

●栽植 在陰涼處也可以種植，但是開花不良，適合日照良好的肥沃土壤。不需要特別挑選土質，一般的土質可以直接栽植，但是貧瘠的地要在栽植洞穴中放入完熟堆肥和腐葉土，寒冷的時期不適合栽植，在四月櫻花盛開時到五月上旬、九至十月中旬為適合期。

●肥料 注意氮肥不可過多。如果是普通的庭園泥土，則油粕混入等量的骨粉，在二月時少量施肥即可。

●整形修剪 四月以後成長的新梢在六月下旬至七月上旬充實，葉腋會形成花芽，到九月下旬開花。整形修剪要在開花結束剛過或二到三月時進行。開花的枝椏留下二到三節，其餘剪掉，四月以後就會長出新梢，有花芽附著。

●**病蟲害**　通氣不良的話會發生介殼蟲，要撒殺撲磷乳劑等驅除，冬天撒機械油乳劑有效。夏天乾燥期會發生葉蟎，要利用殺蟎劑驅除。春天到秋天會發生啃食葉子的茶卷葉蟲，要撒殺螟松乳劑等驅除。

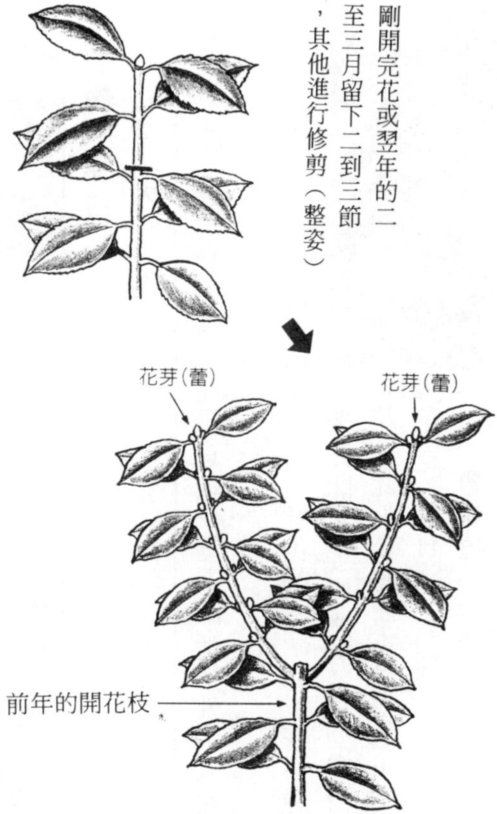

剛開完花或翌年的二至三月留下二到三節，其他進行修剪（整姿）

Q 開花不良

可能是種在陰涼處或修剪時發生錯誤所造成的。

桂花在四月開始成長的充實新梢上，到七月時會有花芽附著、九月下旬開花。如果種在日照不良處，新梢成長不良，當然也不容易開花。一般常綠樹的修剪是在七月進行，但是桂花在這個時期有花芽附著，如果進行修剪而把花芽剪掉，那就不會開花了。

修剪以剛開完花或二至三月為適合期。放任不管也會具有完整的樹形，若在狹窄的庭園中要避免強力修剪，每年剪為圓筒形即可。

木蘭

●木蘭科
報春花木

樹梢半開大筒形的姿態，在綠意較少的季節裡格外引人矚目，彷彿正在告訴大家「春天來了」。

花瓣外側為深紫紅色，內側為淡紫紅色的木蘭花，在早春率先開花，盛開芳香的大白花，此外還有樹木高大的玉蘭花等，具有許多品種。

●栽植　樹勢極強，不必特別選擇土質，但是日照良好、排水良好、富含腐植質的肥沃土壤較好。

如果是貧瘠的土地或地下水的高處，或是粘質土壤並不好，可以利用換土等方式來栽植。

木蘭類的根較粗，因此栽植洞穴要挖得大些。時期以春天或二至三日較適合。此外，初冬的十二月亦可進行。

●整形修剪　花芽會附著在短枝的頂部，因此一定要避免剪掉枝頭。太長的徒長枝在基部留下二到五芽，冬天進行修剪。

每年進行修剪會使樹木長得更高，如果超出必要以上的高度，在開完花後就要進行強力修剪，更新樹形。到秋天為止，會長出很多新梢。

●肥料　油粕混入等量的骨粉或是顆粒狀化學合成肥料及雞糞等，在二月與九月抓二到三把撒在根部。

●病蟲害　初夏到秋天，葉背會發生蚜蟲，放任不管將誘發煤煙病。要撒殺螟松乳劑等盡早驅除。

春天到秋天，會發生啃食葉子的茶卷葉蟲，要定期撒殺螟松乳劑等殺蟲劑驅除。如果發生介殼蟲，就撒鈣殺畏乳劑等驅除，冬天則撒機械油乳劑也有效。

花芽附著於短枝的頂部。如果是太長的徒長枝，留下3到5芽，其餘的從根部剪掉。

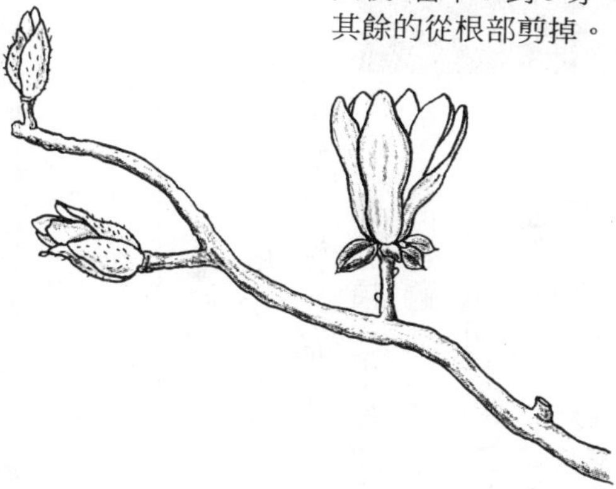

Q 落葉期修剪的話不會開花嗎？

木蘭花五至六月生成的新梢短枝前端在七至八月會有花芽附著，冬天剪掉枝頭的話就會剪去花芽，便無法開花了。

花芽大而圓，因此要確認花芽以後再修剪。

厚皮香

●茶科

帶有光澤的厚葉非常美麗

自古以來，厚皮香和櫟樹、桂花並稱為庭園植物的御三家、是不可或缺的樹木之一。七月時，淡黃白色的小形五瓣花向下盛開，到了秋天果實成熟裂開，可以看到深紅色的種子。

●栽植　生長速度較慢，但是耐潮風和空氣污染，而且也可以種在陰涼處，樹勢極強。

如果種在一般的家庭中，最好選擇日照良好、排水良好的肥沃土壤，而且可以防風。

栽植洞穴挖得大些，充分放入完熟堆肥，採填土栽植法。時期以溫暖的五月與八至九月較適合，但在溫暖地區，三月中旬至五月及八至十月也可以栽植。

●肥料　二月與八月。油粕混合二十至三十%的骨粉，抓二到三把撒在根部。

●整形修剪　修剪在六至七月或十月以後要疏枝，調整樹形。幼木也要將紊亂樹形的樹枝或不定芽修剪一次。

●病蟲害　新梢和葉背會發生蚜蟲，放任不管可能誘發煤煙病。要撒殺螟松乳劑等驅除。

夏天會發生卷葉蟲，要撒殺蟲劑驅除。也會發生蜡蟲、介殼蟲等，要撒殺撲磷乳劑等驅除。介殼蟲在冬天

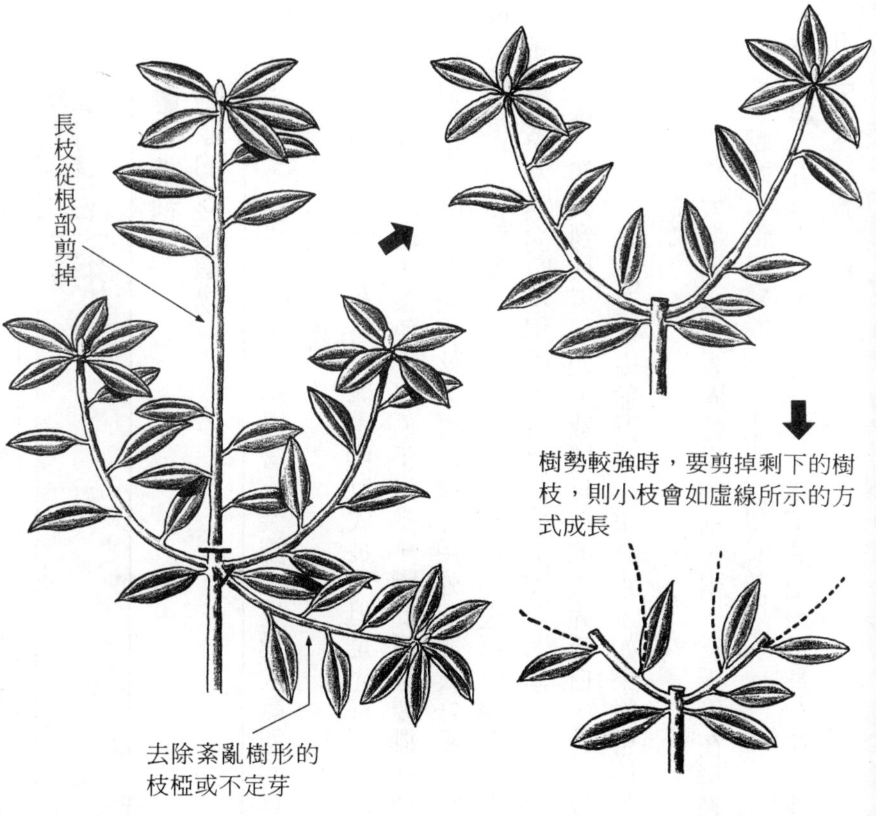
長枝從根部剪掉
去除紊亂樹形的枝椏或不定芽
樹勢較強時，要剪掉剩下的樹枝，則小枝會如虛線所示的方式成長

撒機械油乳劑有效。

Q 變成光禿禿的樹……

因為發生厚皮香卷葉蟲之故。一旦多發的話，樹在一、兩天內就會變得光禿禿的。

幼蟲在六月下旬較多見，一年發生三到四次，會啃食葉子，所以要早期發現，利用殺螟松乳劑等預防驅除。

此外，小枝密生時日照、通風不良，也會誘發病蟲害，因此要進行疏枝、疏伐作業。

常春藤

●五加科
耐寒的觀葉植物

非常耐寒，可以擺在水泥牆邊當成裝飾，是受人歡迎的具有耐寒和耐陰特性的觀葉植物。

●擺設場所 雖然在陰涼處也可以成長，但是光線不足時綠葉上會有很多的斑，葉色不好。不耐熱，因此夏天要擺在通風良好的半陰涼處，春天和秋天可以擺在戶外日照良好處，或是明亮的室內。很耐寒，天氣不太冷時在戶外也可以過冬。但是寒風和乾燥太強烈時會損傷葉，最好擺在明亮的室內。

●澆水 春天到秋天，如果栽植材料的表面泛白、乾了以後，要充分澆水，直到有水從盆洞流出來為止。如果附帶樹蕨的話，也要充分澆水。

冬天不要給太多的水。表面乾燥的話，兩、三天後在傍晚之前可澆一點水，但是多餘的水不可以留在盆內。

●肥料 五至十月兩個月一次，使用油粕或是具有緩效性的化學合成肥料施以置肥。

●病蟲害 會發生介殼蟲、葉蟎等，要撒藥劑盡早驅除。

●移植 一到兩年要移植一次，在五到九月進行。

移植用土採紅玉土中加入兩成腐葉土及河砂，混合而成的排水良好土壤。

●常春藤的插枝法

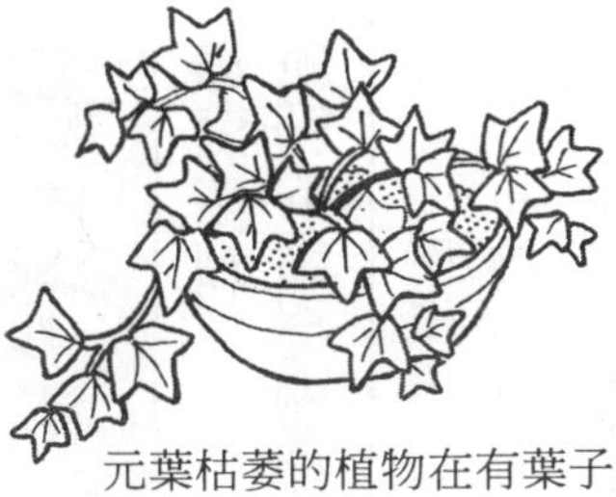

元葉枯萎的植物在有葉子的地方進行插枝就能再生

插在排水良好的用土上，在陰涼處管理的話，一個月就能發根。

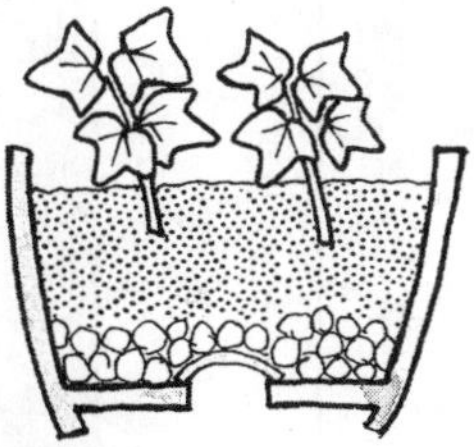

有斑的種類盡可能利用有美麗斑的種葉當成插穗。選擇有 4 到 6 片葉子的一截，摘掉一片下葉當成插穗。

①成長旺盛，從樹蕨上大垂下來，看起來很難看。

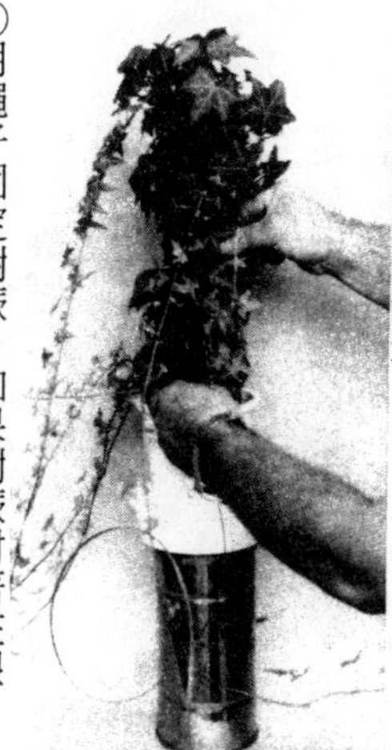

②太長的藤蔓可以拉到葉子枯萎，樹蕨看起來透明的部分。

③用繩子固定樹蕨。如果樹蕨附著在根部，則拿掉繩子。

石長生

●蕨菜科

纖細的葉召喚涼風

纖細的葉姿態優美，是室內不可或缺的觀葉植物之一。

石長生分布於溫帶到熱帶地區，而當成觀葉植物的主因是熱帶產的園藝品種，新芽有的為紅色，有的為藍色。

●擺設場所 具有耐陰性，適合擺在室內，不過放在陰暗處太久，莖會倒下，所以最好放在整年都明亮的室內。喜歡空氣中的濕度，擺在廚房或浴室的窗邊最適合了。如果擺在冷暖氣機附近，乾燥的空氣會損傷葉子，必須注意。

冬天以十度最為理想，如果是五度以上，還能過冬。

●澆水 春天到秋天，如果盆土表面乾燥就要給與充分的水。

冬天的室內最低溫度如果不能保持十度，就要控制澆水，此外亦可用噴霧的方式保濕。

●肥料 在成長旺盛的四至十月，一個月一至二次撒花肥等液肥。

●移植 株長滿盆中或是葉色不好或是芽生長不良時，在五至九月上旬就要進行移植。

用土是紅玉土六、腐葉土三、河砂一混合，使用排水及保水良好的土壤。

移植方法是枯葉從根部切除，整株自盆中拔出，抖落二分之一到三分之一的土，然後在更大的盆底鋪上土，再種進去。

●病蟲害　經常出現蛞蝓的啃食之害。蛞蝓會躲在盆底或根部，因此要仔細觀察，發現就要捕殺。

①葉子乾燥的狀態

②由於新芽會從地表長出，因此不要剪掉芽，每一莖都要用剪刀剪掉

③地上部全部剪掉，好好管理不使其乾燥，就能長出新芽，成為美麗的植株。

Q 葉子枯萎掉落

可能是水乾了或擺在乾燥處所造成的。葉子較薄的石長生不耐乾燥，如果放在冷暖氣較強的室內或在空氣較乾燥的冬天，容易發生這種現象。

受損的葉子就算澆水也無法復原，盡可能將地上部從地表割掉，如果泥土表面乾燥的話，就要澆水，這時便能長出新芽。

新芽長出之後，每天給與二到三次葉水，就可使美麗的植物再生。如果葉子長得太亂，用同樣的方法也能再生。

石刁柏

●百合科

耐寒的觀葉植物

耐寒，冬天容易管理，因此是受人歡迎的觀葉植物。真正的葉子退化，而枝變化為葉子，也稱作假葉。

石刁柏除了美國外，分布於溫熱到熱帶地區，而當成觀賞植物的石刁柏主要產自南非。

●擺設場所 如果擺在室內的陰暗處，葉子會掉落，一定要放在明亮處。在戶外可以擺在日照良好處，可是夏天為了避免葉子曬傷，要放在半陰涼處。強烈的日曬會使葉子曬傷，而空氣乾燥會使葉子變黃掉落，所以要避免放在夏天陽光直射的地方。

耐寒，所以放在花盆中也能夠過冬。耐乾燥，所以不需太多的水，如果盆土乾了，澆點水使其濕潤即可。

●移植 一年兩次，在五月到九月進行。使用紅玉土混入而成腐葉土和河砂，當成移植土。

●澆水 春天到夏天，如果泥土表面乾燥就要充分澆水。

●病蟲害 會發生葉蟎，要撒乙酯殺蟎醇等驅除。

①因為怠忽移植，根塞滿整個盆中，葉子變黃，看起來很難看

②發黃的部分加以整理，徒長的部分剪掉，移植到新的花盆中

●剪枝

Q 換了擺設場所葉子開始掉落……

怠忽了移植或是根部塞滿盆中，葉子會變黃，因此要移植。

發黃部分的枝從根部剪掉，整株自花盆中拔出，爛的根部看起來是透明的，要從根部剪掉，再用更大的花盆放入排水良好的用土，移植進去。

石刁柏很容易長徒長枝，太長的話會紊亂外觀，從任何部分剪掉都可以。下部沒有枝而不斷長長的枝，從根部剪掉就能長出新芽，擁有美麗的造型。

鳳梨類

●鳳梨科
長期欣賞獨特的花

鳳梨類是大家所熟悉的水果，種類很多，以南、北美為主，自生將近兩千種。不過我們平常所吃的鳳梨，是屬於地生的，這種比較少，大都是生長於岩石上或樹上。所以吸水方法各有不同，葉的基部呈筒狀，能夠儲存雨水，葉有小鱗片密生，能夠吸收空氣中的水分。

獨特的花受人歡迎，花苞看起來就像花一樣，美麗的姿態可以保持三個月左右，而真正的花只有在花苞的期間內開幾天而已。

●擺設場所　依形態的不同，管理有些差別，葉肉較薄的鳳梨類要避免陽光直射，放在明亮的室內或半陰涼處。

葉肉較厚的鳳梨可以放在日照良好處，日照不足的話會形成孱弱的植物，無法發揮本領。夏天為了避免葉子曬傷，要放在半陰涼處。

冬天在五度左右可以過冬，不要澆太多水，筒中的水也要去除。如果乾燥可以給與葉水。

●移植　在五至九月進行。選擇排水良好的用土，單用泥炭蘚或浮石，或者兩者併用亦可。

●澆水　如果泥土表面乾了，要充分澆水。葉的基部為筒狀者，筒中要儲水。冬天要去除筒中的水，只在泥土澆水。

●肥料　四至十月的生長期，給與具有緩效性的化學合成肥料，或者以隔月的方式施與油粕等置肥。

●病蟲害　葉背面會發生介殼蟲，要撒鈣殺畏等驅除。

①子株生長，母株開始受損的鳳梨要使子株獨立。

②從花盆中拔出來，子株的部分也能成長。

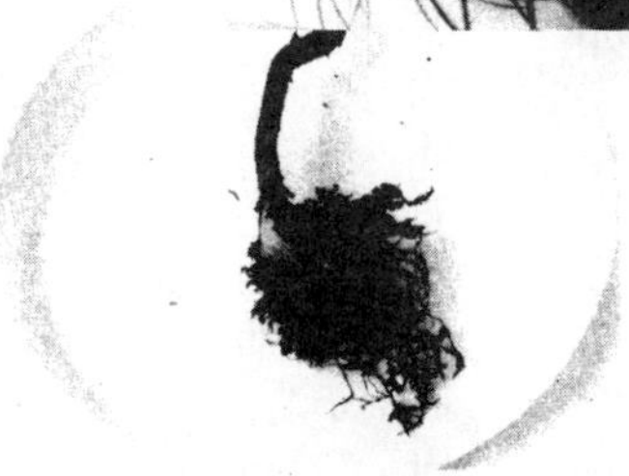

③由母株的部分切除子株處

④種植在泥炭蘚、浮石的混合土中，成為新株。

Q 去年開花，為何今年不開花？

鳳梨類一旦開花的株，就不會再開花，但是開花前後在株的根部會發生子株，子株充實的話就會開花，不過大概要花一年到幾年的時間才會開花，不能每年開花。

開花的母株如果受傷或枯死，則子株生長到母株的三分之一至二分之一，剪掉移植，使其獨立成長。

蓼藍

●爵床科
欣賞葉的花紋

原產熱帶、亞熱帶美洲的常綠權木，花葉具有獨特的模樣，為觀賞價值極高的觀葉植物。眾所熟知的是綠葉上有明顯的白色葉脈與美麗黃花的蓼藍，尚有其他品種。

●擺設場所　春天到秋天要避免日照強烈處，放在半陰涼處。日照不足的話開花不良，因此放在室內時要找明亮處。

不耐寒，但是冬天在十度以上可以保持。白天放在日照良好的窗邊，晚上放在沒有暖氣的地方，花盆可移到室內中央，或覆蓋防覆波狀紙等保溫。

●澆水　春天到秋天，如果泥土表面乾燥要充分澆水，直到水從盆洞流出為止。冬天不要澆太多水，泥土乾燥的話只要打濕即可。

很喜歡濕度，所以夏天、冬天乾燥時，要勤於噴霧，保持較高的空中濕度。

●肥料　肥料不足的話葉色不良，斑點不鮮明。四至十月一月一次，給與具有緩效性的油粕或化學合成肥料當成置肥。

●移植　怠忽移植的話葉子會掉落。兩年一次，在氣候溫暖的五至八月進行移植。

用土是紅玉土五、腐葉土三、蛭石一、珍珠岩一混合而成的排水良好土壤，也可以使用市售的培養土。

●病蟲害　會發生蚜蟲和介殼蟲，要撒殺蟲劑驅除。

②修剪，重新培養新芽

③修剪處

⑤切口用打濕的泥炭蘚包住，利用乾淨的用土進行插枝

④剪掉的部分剪成二到三節，當成插穗利用

Q 葉子掉落…

蓼藍不耐寒，在十度以下時葉色不好，在五度以下葉子會掉落，因此冬季的保溫要下點工夫。

葉子雖然掉落，仍要放在溫暖的地方，如果泥土乾掉就要澆水，便會長出新芽。但是沒有下葉，只有枝不斷成長，等到氣候充分溫暖的五月下旬進行修枝，則側枝成長會開花。剪掉的部分剪成一到三節，利用插枝法能繁殖新株。此外乾燥的話，葉子還是會掉落，因此要多給與葉水，並保持空中濕度。

蘆薈

●百合科
藥用植物

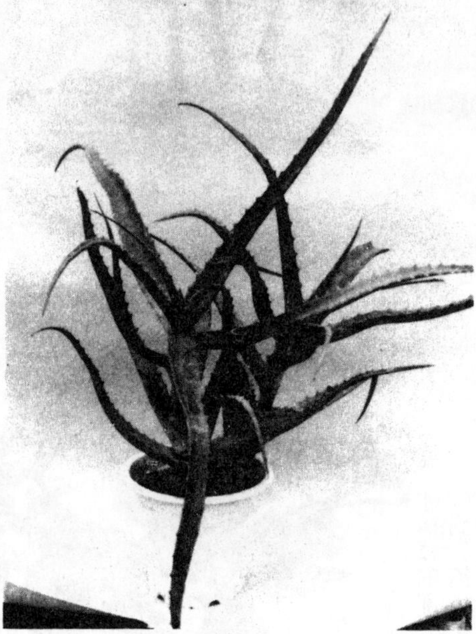

劍蘆薈是大家熟知的民間藥，在家庭中廣泛栽培。此外大型種的扁蘆薈也經常看到。燙傷、割傷、裂傷時使用蘆薈葉內膠狀的物質塗抹在患部，相當有效，尤其據說燙傷不會留下疤痕。葉汁對於宿醉和胃病有效。蘆薈除了藥用種外，還有綠底白斑的「千代田錦」及「不夜城」等許多種類，也是頗受喜歡的觀葉植物。

●擺設場所 春天到秋天放在日照良好處，盛夏時節放在半陰涼處或室內窗邊可以曬到陽光之處。

耐寒，只要不會被霜打到，放在戶外也能過冬，不過持續零度以下的氣溫，會凍傷腐爛，擺在室內就不要緊了。冬季在室內要放在日照良好處，盆中不會凍結。

●移植 如果種植太多，根部容易腐爛，因此一到兩年一次，在四至六月進行移植。用土要採紅玉土四、腐葉土四、河沙二的排水良好土壤。母株根部會發生很多子株，因此在移植時要切掉，形成獨立株。

●**澆水**　春天到秋天的生長期，當泥土表面乾燥時，要充分澆水直至水從盆洞流出。

冬天少量澆水。因為是多肉植物，耐乾燥，如果泥土表面泛白，再等一週直到完全乾燥後澆水。放在戶外時，在氣候溫暖之前要控制澆水量。

●**病蟲害**　幾乎不會發生病蟲害。

①沒有下葉、不斷長長的蘆薈

②有葉的部分當作插穗，插穗應該一週以上，插在排水良好的用土上

Q 沒有下葉，姿態難看！

蘆薈當成民間藥利用，因此大都從下葉採摘。如果沒有下葉，在五至六月剪掉適當的部分，剪下的部分當成插穗，可以再生。插穗要一週以上，插在河砂或蛭石等排水良好的用土上，澆水時不要太濕，一個月左右就能發根。

海芋

●天南星科

葉的形狀、色彩富於變化

大家所熟知的就是自生琉球的海芋，原產熱帶亞洲，葉子是具有光澤的深綠色，帶著白色的鮮明葉脈，外形非常獨特，備受矚目。

●擺設場所 喜歡高溫多濕。從春天到秋天的成長期，放在戶外的半陰涼處或是明亮的室內陽光照不到的地方。

如果就擺著不管，葉會往陽光的方向生長，所以一週內要更換一次花盆的方向。

具高溫性，冬天最少要保持在十五度以上，若在十度以下，株會腐爛枯死。夜間在沒有暖氣的室內，可以用防震波狀紙或塑膠袋整株覆蓋保溫，但是海芋在五度以上可以過冬。

●移植 兩年一次，六至八月時單用泥炭蘚，或是以紅玉土四、腐葉土四、河砂二混合的排水良好用土移植。

●澆水 喜歡多濕。五至九月的成長期，若泥土表面乾燥就要充分澆水。喜歡空中濕度，一天給與二到三次葉水。

冬季澆水不可太多。低溫時的多水是根部腐爛的原因，泥土發白乾燥，等過了一週完全乾燥後，將二十度左右的水淋在泥土表面打濕即可。

一旦乾燥的話葉子會掉落，在白天溫暖時可以給與葉水。

●肥料 五至九月的生長期，一個月要施與二到三次的花肥等液肥。

●病蟲害 一旦空氣乾燥容易發生葉蟎，所以澆水時葉的背面也要給與葉水，受損嚴重時要撒乙酯殺蟎醇等殺蟎劑驅除。

①莖從地面腐爛

②莖從盆中拔出、腐爛的部分要削除

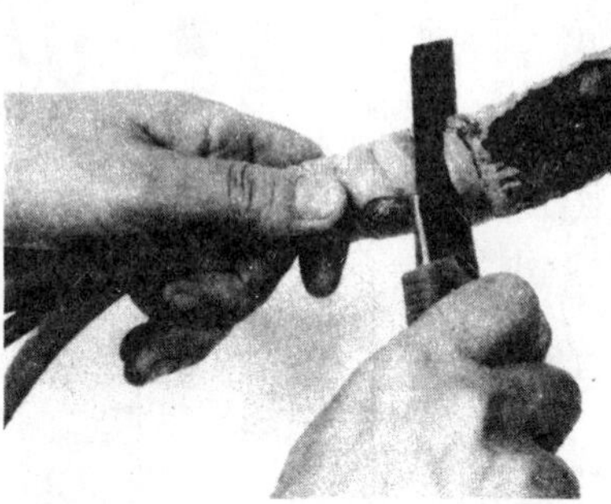

③切口塗抹癒合劑加以保護

④利用新的用土及花盆進行插枝。
子株也可以移植。

Q 莖倒下了?

由於得了軟腐病，海芋從地面開始就變軟腐爛，莖倒了下來。

這種疾病是由細菌所引起的，一旦發生了很難用藥劑防除，由於過濕導致根腐爛，芋的部分都會腐爛。害蟲的啃食部及利刃的傷口會有細菌侵入，一旦發生就要杜絕水分，使傷口乾燥，再移植到排水良好的用土上。

如果繼續腐爛，就要切掉該部分，傷口乾燥以後再利用排水良好的土壤進行插枝法。適合時期為五至八月。

火鶴

●天南星科

造花之妙、佛炎苞

火鶴係由外形來命名，好像蠟燭一般的佛炎苞到尾狀的花穗具有特別的姿態，受人歡迎。

●擺設場所　春天到秋天放在戶外的半陰涼處或是明亮的室內。如果直接照射陽光，葉子會晒傷，但是陽光不足時花又無法盛開。

具高溫性，所以冬天時要保持十度以上。溫度不足，下葉會掉落。最近的住宅氣密性極佳，要維持溫度並不困難。

●澆水　喜歡多濕，但討厭盆中滯水。五至九月的生長期，如果泥土乾掉就要充分澆水，夏天時時要噴霧，避免乾燥，冬天盆中有些乾燥，為了保持濕度要勤於給與葉水。特別注意發芽部不能乾燥。

●肥料　五至九月的生長期，給與二到三次具有緩效性的化學合成肥料或等量混合的油粕與骨粉當作置肥。

●病蟲害　夏天乾燥時會發生葉蟎。葉發白就表示有葉蟎存在，要撒殺蟎劑驅除。

四至十月時會發生介殼蟲，要撒鈣殺畏乳劑。

●移植　二到三年內在五至八月時要移植一次。單用泥炭蘚或是以浮石六、椰子殼四的配合土當作移植用土。

子株較多時，有五到六

①下葉掉落，看起很難看

②下葉掉落的話從根部剪掉

③整理完畢的情形。從地表長出的部分讓它繼續生長

④剪掉後還是有氣根生長，因此要仔細裹住泥炭蘚再種植

⑤作業完成

片葉子附著的株剪掉，使其獨立。

Q 下葉枯萎……

火鶴喜歡高溫多濕，溫度不足時下葉就會掉落，下葉掉落要進行適當的管理，在氣候溫暖的五至八月時，可以重新移植。

下葉掉落、母株根部沒有新芽時，葉附著的下方裹上泥炭蘚，使用壓條法，若是母株根部、中間部有芽時，就可以移植到較大的盆中。

胭脂花

●苦苣苔科

花葉皆美，適合當成吊籃

原產東南亞的熱帶叢林，在當地為著生狀，會成長為較大的樹木。當成盆栽的話，以肉厚的小葉密生下垂的吊籃較受人歡迎。花大都為紅色或橘色，從筒狀的花萼中突出的花非常美麗。

●**擺設場所** 春天到秋天，放在半陰涼的走廊或明亮的室內。為半陰性，一旦受到烈日照射就會引起曬傷，必須注意。

冬天放在室內明亮處，溫度要保持十度以上。若欲使花盛開，秋天需要放在低溫中，不要太早移入室內，十一月上旬之前吊在不會被霜打到的廊下較好。

●**澆水** 四至十月的成長期，如果泥土的表面乾燥就要充分澆水。

吊籃置於空氣中容易乾燥，而且又不易看到泥土，所以常常會忘了澆水。澆水前要取下，一直澆到水從盆洞流出為止。

冬天要控制澆水量，泥土乾了又過四、五天再澆水，打濕泥土即可。

●**肥料** 生長期的四至十月，每月要施與一到兩次液肥。

●**病蟲害** 會發生蚜蟲和介殼蟲，要撒鈣殺畏乳劑等驅除。

通風不良時葉表面會出現褐色斑點，發生炭疽病，因此一發生就要利用殺菌劑防除。

●**移植** 兩年一次，在五至八月進行。

因為是吊籃，用土要選擇較輕的材料，使用培養土二、珍珠岩一、蛭石一的配合土較好。

●插枝的方法

①藤蔓長得太亂，下葉掉落的藤蔓，顯得不好看

②利用有葉子的部分進行剪枝，重新整理吊籃

③剪掉的部分當做插穗，4 到 5 根插成一盆，發根之後就是盆栽了。

Q 葉色不良而且掉落

如果怠忽移植引起根部腐爛，葉子就會變成黃色或掉落。從花盆中拔出，去除受損的根，抖落三分之一的舊土，用新土移植。

葉子變成茶色或枯萎，是因為日曬。胭脂花為半陰性，所以在烈日照射下會損傷葉子。

損傷的部分去除，吊在半陰涼處就能復原。去除的部分沒有葉子，看起來不好看，可以利用有葉子的部分插枝來彌補。

林投葉

●百合科
吊籃的代表

根部有枝伸展，前端好像折鶴一樣，是大家熟悉的觀葉植物。

不管是哪一種林投葉，在葉的中央都會有摻雜白斑的中斑，葉緣也有斑，稱為外斑。

●擺設場所 雖是耐陰性植物，但是日照不足時枝和子株的成長不佳。春天到秋天，要放在戶外的半陰涼處或室內明亮的地方。

因為耐寒，所以放在花盆中如果不會凍傷，在戶外亦能過冬。但是寒風會傷害葉子，所以冬天還是放在室內的明亮處。

有些種類不耐寒，因此室內溫度要確保十度以上。

●澆水 根似蘿蔔、為多肉根、很耐乾燥。在四至十月的成長期，泥土表面乾燥以後要充分澆水。冬天泥土乾了以後，要過四、五天再澆水，而放在戶外時更要控制澆水量。

●肥料 四至十月的成長期，一個月施與一到兩次液肥。

●病蟲害 幾乎沒有，有時會發生介殼蟲，要用鈣殺畏乳劑等驅除。

●移植 根粗大，生長旺盛，怠忽移植的話會造成根阻塞，生長衰弱，葉色不良。兩年一次，五至九月進行移植。

由於是吊籃，用土要選擇較輕的材料。以紅玉土三、腐葉土二、珍珠岩一的比例混合，使用排水良好的泥土。

①子株繁殖過多

②子株過多時要剪掉歪枝

③剪掉子株，根會繼續生長

④3到5株進行叢植

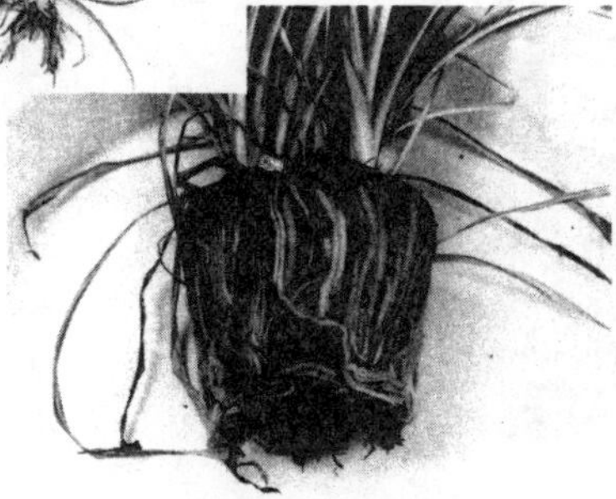

如圖所示，根粗大、生長良好，所以兩年要移植一次

Q　子株太多了；看起來很亂……

林投葉的魅力就在於枝的前端好像折紙的鶴一般的姿態。

子株生長旺盛是可喜的現象，但是過於茂盛反而有種沈重、骯髒感。

如果太多了，要剪掉較大的子株，植入裝有用土的盆中，重新繁殖。採用三到五株的叢植法也不錯，在小盆中種一株，享受小型觀葉的樂趣也很好。

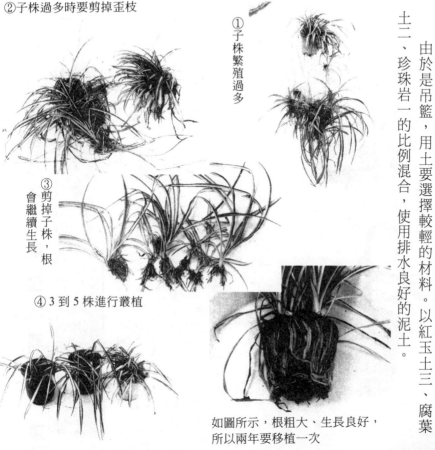

變葉木

●澤漆科

葉形、顏色豐富

葉形和顏色富於變化，因此叫做變葉木，分為闊葉、長葉、細葉、螺旋葉或葉尖有小葉的突出葉等，斑的出現方式也不同。一般廣為栽培的是會變化為黃色或橙色的闊葉變葉木，或是綠底有許多黃色斑點的細葉變葉木。

●擺設場所　曬到太陽時顏色更美。日照不足的話，葉色不良或葉子掉落。春天到秋天，要放在戶外的日照良好處，但是闊葉變葉木在夏日曝曬下會引起曬傷，所以最好移到半陰涼處。不耐寒，溫度至少要保持十度以上，可以放在日照良好的室內。

●澆水　是很耐乾燥的植物，但是嚴重缺水的話，葉子會掉落。生長期的春到秋天，栽植用土如果乾燥要澆水。冬天要控制澆水量。栽植用土乾了之後二、三天，在傍晚前於盆內澆水，但不能留下多餘的水。

●肥料　生長旺盛的五至九月，隔月施與油粕或具有緩效性的化學合成肥料當作置肥。

●病蟲害　會發生介殼蟲和葉蟎。發生介殼蟲的話要用牙刷刷掉，再撒鈣殺畏等驅除。夏天的乾燥期容易發生葉蟎，澆水時連葉的背面也澆到就能預防，如果發生了，要撒乙酯殺蟎醇等殺蟎劑驅除。

①下葉掉落的變葉木

②觀察整體姿態進行剪枝

③剪枝處下方會冒出新芽

④剪掉的部分可當作插穗

⑤再生作業終了

●移植　一到兩年要移植一次，在五至八月進行。栽植用土以紅玉土、腐葉土、珍珠岩混合的排水良好土壤。

Q 葉子掉落

嚴重缺水、日照和溫度不足都會導致葉子掉落。葉子掉落看起來很難看，必須剪枝再生。剪掉的部分利用插枝法就能夠繁殖新株。冬天因為溫度不足而導致落葉時，不會枯死，盡可能在溫暖的場所管理，等到回暖的五月時再剪枝，以新的栽植用土移植。

切口如果出現汁液，表示能夠存活。過了一個月就能冒出新芽，成為美麗的植物。

橡膠樹

●桑科
最熟悉的觀葉植物

橡膠樹的同類自生於熱帶到亞熱帶地區，種類很多，最大眾化的就是印度橡膠樹及其園藝品種。

●擺設場所　具耐陰性，因此適合放在室內的任何地方。但是長期放在太陽曬不到的地方，莖葉會增長。從春天到秋天，要放在曬得到太陽的戶外。有斑的品種接受陽光的強烈照射，會造成曬傷，因此要放在半陰涼處，或是放在室內的明亮處。

植物最討厭劇烈的環境變化，所以不論是戶外或室內，都要慢慢的熟悉環境。

非常耐寒，如果溫度在五度以上就可以過冬。有斑的品種需要八度以上，可以放在隔著玻璃能夠曬到太陽的地方。

●澆水　四至十月的生長期，如果泥土表面乾燥就要充分澆水。

冬天要控制澆水量，泥土乾了三、四天後，在傍晚前澆水，但盆中不可以留下水分。葉子較大，容易骯髒，要經常使用葉水，或是用濕布擦拭。

●肥料　四至十月的生長期，隔月施與具有緩效性的化學合成肥料或油粕置肥。

●病蟲害　放在陰暗處或乾燥處會發生介殼蟲，要用牙刷刷掉，或利用鈣殺畏乳劑驅除。一旦高溫乾燥會發生葉蟎，要撒開樂散等殺蟎劑。葉中出現褐色斑點就是炭疽病，要撒狄森等防除。

●移植　生長力旺盛，兩年一次，在五至九月進行移植。在盆底較硬的舊根要

①太大時要將上部進行壓條

②用刀子切入莖部，以環狀的方式剝掉樹皮

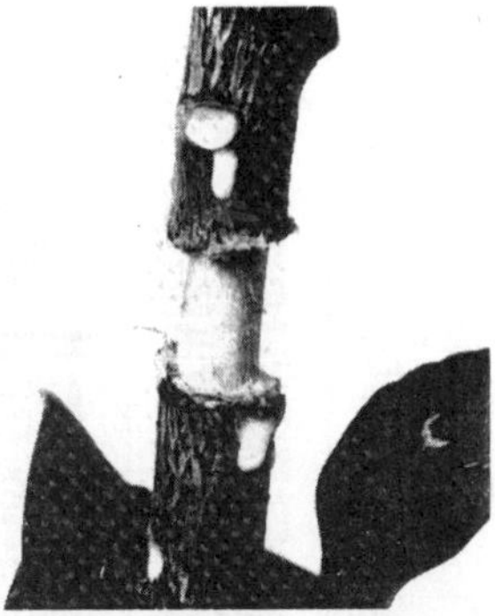

③完全剝掉不可留下表皮

④剝掉表皮的部分用泥炭蘚包住，以塑膠袋包好

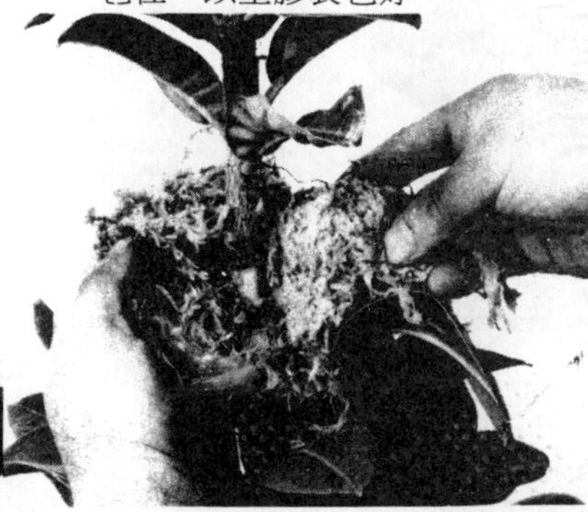

⑤為了使水能夠流出，塑膠袋上下要稍微分開，充分發根以後剪掉，種到花盆中

剪掉，利用紅玉土加上兩成腐葉土和兩成河砂混合的排水良好土壤種植。

Q 下葉掉落，看起來很難看……

即使是生長良好的常綠樹，葉子老舊就會掉落，這是生理現象。除此之外，如果根太擁擠、空氣乾燥、冬天低溫時，葉子也可能掉落，因此要考慮到各種因素。

葉子掉落看起來很難看的植物，可利用剪枝或壓條法重新栽植。六至八月，切掉的部分可以利用插枝法繁殖新株。

虎尾蘭

●龍舌蘭科

自古就熟悉的觀葉植物

虎尾蘭自古就是大家熟悉的觀葉植物。多肉葉，耐乾燥，但不耐寒。原產非洲及南亞的乾燥地帶，品種很多。

●擺設場所 喜歡高溫。五月至九月放在戶外的日照良好處，但是盛夏強烈的陽光會使葉色不良，因此要移到半陰涼處。在室內放在隔著玻璃窗可以曬到太陽的地方。

不耐寒，溫度至少要保持在十度以上。不能低溫時要中止澆水，保持花盆乾燥的狀態過冬。

●澆水 因為是肉厚葉，很耐乾燥。五月至九月的生長期，泥土表面乾燥就要充分澆水，直到盆洞流出水為止。冬天最低溫在十度以下時，不可澆水。

●肥料 生長旺盛的五月至九月，隔月使用油粕或具有緩效性的化學合成肥料。

●病蟲害 偶爾會發生介殼蟲，要用鈣殺畏驅除。一旦空氣乾燥會發生葉蟎，用殺蟎劑驅除。

●移植　一到兩年在五至八月時進行一次移植。以紅玉土五、腐葉土三、河砂二的混合土來栽植。

①母株的地下莖腐爛，子株倒下。

②子株與母株分離

③分離後的子株利用新的用土栽植

Q 根部腐爛，快要倒下

可能是低溫時澆水所造成的。最低溫度無法保持十度以上時，如果澆水會造成根部腐爛，葉子從根部倒下。虎尾蘭不耐寒，所以若不能保持溫度就要停止澆水，或是整株自花盆中拔出，用報紙包住，放在室內溫暖的地方過冬。

根部腐爛的植物要去除水分，放在溫暖處，如果氣候到達十五度以上，再去除腐爛的部分，移植到新的用土中，如果幾乎沒有根，天氣溫熱的話，只要一個月左右就能發根。可採插葉法，即使是插有斑的葉，新生出來的植株也會長綠葉。

吉貝

●五加科

堅毅的個性受人喜愛

吉貝的葉形與木棉科的爪哇木棉類似。

吉貝和八角金盤同樣是五加科植物，代表性的為吉貝，市售的叫做香港吉貝。

品種包括有乳白色和黃色斑點的吉貝，以及葉稍小、前端較淺的吉貝。

●擺設場所 為耐陰性植物，因此適合當成室內飾物，但是擺在陰暗處，下葉會掉落或長太長，所以要放在明亮處。春天到秋天，可以放在戶外日照良好處。

耐寒，不受凍的話能夠過冬，放在室內隔著玻璃窗能夠曬到太陽處。

●澆水 耐乾燥，不過在生長期的四至十月，如果泥土表面乾燥的話就要充分澆水。冬天要控制澆水量，或是採用噴霧的方式。

●肥料 生長力旺盛，四至十月要隔月施與油粕或具有緩效性的化學合成肥料當作置肥。

●病蟲害 會發生介殼

蟲，要用牙刷刷掉，或撒鈣殺畏等驅除。空氣乾燥會發生葉蟎，因此澆水時連葉的背面也要澆到，一旦發生就要撒殺蟎劑驅除。

●移植　如果根太密了，葉會變黃掉落，由於生長力旺盛，一到兩年要在四至九月進行一次移植。栽植材料為紅玉土六、腐葉土三、珍珠岩或河砂一混合而成的排水良好用土。

①莖彎曲很難看

②插支柱導引莖的生長，調整樹形。幼木時雖然長得很好，但是莖柔軟易彎曲，因此要用支柱固定莖。

Q　莖彎曲很難看……

雖是木本性，然直立生長的性質較弱，放任不管的話，莖朝斜上方或形成彎曲的姿態非常難看。可以插一支支柱導引莖的生長，調整樹形。

吉貝一旦嚴重缺水或根擁擠時，下葉會發黃或掉落，看起來不好看，這時就要剪枝，重新整形。剪掉的部分當作插穗，可以繁殖新株。

白鶴芋

●天南星科

楚楚動人的白花

看起來像花的是花苞，具有深綠色的光澤葉子，與白色的花非常搭配。為耐陰性植物，草姿極美，是相當受人歡迎的觀葉植物。

●擺設場所　在黑暗處也能夠生長，但是若長久時間置於暗處則不會開花，或無法長得茂盛。春天到秋天可放在室外半陰涼處，或放於室內，隔著玻璃窗也可曬到太陽的地方。

具有耐寒性，在五度以上可以過冬，但是有些品種需要十度的溫度，可以放在明亮的室內。

●澆水　春天到秋天為止，若栽植的材料表面顯得乾燥，必須從頂端用始澆水，直到水由花盆底端的洞流出為止。冬天如果乾燥的話，可以三至四天澆一次水，擱置於室內時，具有光澤的葉子會佈滿灰塵，要用濕布擦拭，或沾水於葉片上，把灰塵洗去。

●肥料　四至十月止，每隔一月需給予油粕或具有緩效性的化學合成肥料作為置肥。肥料若不足，則無法開花。

●病蟲害　葉的背面會出現介殼蟲，如果有此現象，可以用牙刷刷去，或撒鈣殺畏乳劑驅除。

●移植　可以不斷地繁殖子株，每二年一次，在五

①植物株的葉子雖然非常茂密，但是開花不良。

②從花盆中拔出時，根塞在整個花盆裡，會形成 塞滿的狀態。

③用手把根掰開，分為二株

④把腐爛的根由根部去除，剪掉根部，用新的栽植材料栽植。

至八月時移植，進行分株。栽植材料為以紅玉土四、腐葉土四、珍珠岩二的比例所混合成的排水良好的用土。

Q 葉子茂密卻不開花

這種植物為耐陰性植物，在黑暗中也能生長，但是不具有開花的體質時，要擺在隔著玻璃窗也能曬到陽光的場所。此外，因為陸續繁殖新枝，忽略了移植，就會造成根塞滿的狀態。此時即使澆水，也沒有辦法到達花盆各處，所以生長力衰弱，葉色不良，且不會開花。

如果有這種情形，要從花盆裡移出，分為二至三株，重新栽植。

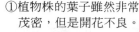

花葉萬年青

●天南星科

帶有涼意的葉子

較寬的葉子有黃白色的斑，讓人感覺非常清涼，是夏天裡受人歡迎的觀葉植物。

花葉萬年青被栽培的歷史頗久，以單莖種較多。自從葉子的白色調上有了綠色覆輪斑的美麗品種上市之後，成為受世人歡迎的觀葉植物之一。

●擺設場所　討厭強烈的日照，因此春天到秋天，宜放在戶外半陰陽處，或是室內明亮處。

由於不耐寒，所以若要過冬，至少需要攝氏十度以上的溫度。也不耐乾燥，所以不要放在暖器旁邊。

●澆水　春天到秋天為止，如果栽植的材料表面乾燥的話，要充分澆水。為高溫性植物，冬天要控制澆水量，表面乾燥的話，過四、五天後在傍晚時澆水於花盆內，但是不能夠留下過多的水分。討厭花盆內太濕，但是因為葉子比較寬，所以喜歡空中濕度。一整年都要勤於給予葉水。

●肥料　五至十月，每二個月使用一次油粕或具有緩效性的化學合成肥料，當成置肥。

●病蟲害　空氣乾燥時會產生葉蟎，要勤於給予葉水預防，一旦發生，就要撒乙酯殺蟎醇等殺蟎劑驅除。

●移植　一至二年要移植一次，在五至八月間進行。移植材料為紅玉土加上二成腐葉土、二成河砂混合成的排水良好用土。如果疏忽移植，葉尖全發黃或掉落。

①下葉掉落草姿雜亂無章的植物株

②將下葉掉落而不斷成長莖葉自根部剪去

③將切掉的部分剪成 3 至 4 節，可用來插穗

④利用珍珠岩等乾淨的用土進行插枝可繁殖新株

Q 冬天葉子掉落……

花葉萬年青是高溫性植物，冬天至少要保持十度以上的溫度。溫度不足的話，葉子會黃、掉落。落葉並不表示整株枯死，要控制澆水，儘可能在溫暖的場所管理。等到氣溫變暖的五月時進行剪枝，便能再生。剪下的部分可用來插穗、繁殖新株，二十度以上的溫度，一個月就會發根。

此外，切口流出的白色液體有毒，用手觸摸時會覺得疼痛，必須注意。

龍血樹

●龍舌蘭科

獨特的草姿頗富情趣

這是有幸福樹之稱，為大眾所熟悉的植物。有很多種類、性質類似，所以可進行同樣的栽培管理。

●擺設場所 生長期的五月至九月，可搬到戶外讓青葉曬太陽，而紅葉及有斑的品種，則擱置在半陰涼的地方，或是明亮的室內，日照不足是無法形成美麗的葉色的，而且還會長得太長。

冬天因種類不同而稍有差異，但是幾乎大部分的種類都必須控制澆水。在十度左右就能夠過冬。放在明亮的室內若放任不管時，莖會朝向陽光的方向生長，看起來很難看，偶爾要轉動花盆，使全體都可曬到太陽。

●澆水 春天到秋天為止，如果栽植材料的表面乾燥的話，要充分澆水。冬天栽植材料乾燥約二至三天後，在傍晚之前要澆水，但是不要有多餘的水分留在盆內。

●肥料 五至九月的生長期間，每個月應一次，撒油粕或是具有緩效性的化學合成肥料。

●病蟲害 會有介殼蟲、葉蟎，一旦有這種情形，就要撒藥劑以驅蟲。

●移植 根的生長良好，每二年一次，在五至八月時進行移植。

栽植材料為紅玉土六、腐葉土二、河砂二等混合而成的排水良好用土。移植時，由於直根好像竹筍一般，所以儘可能不要弄斷，但是若將這個部分切斷五公分左右，向上種植，則能成為美麗的苗。

①長得太高的龍血樹

②剪掉葉子的部分若進行妥善管理，一至二個月內便能冒出新芽，成為較矮的植物新株。

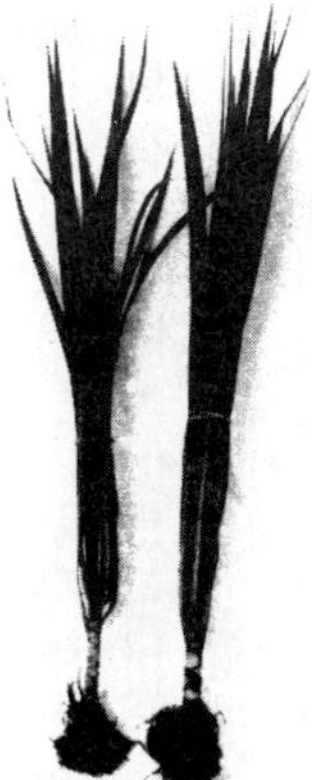

③剪掉部分當成插穗，為了防止穗蒸散，要將葉子紮成一束，切口用濕的泥炭蘚裹住。

④利用珍珠岩等排水良好的用土進行插枝，一個月就可深根，這時要取下葉子上的橡皮筋。

Q 下葉掉落、看起來很難看

龍血樹類的成長良好，莖會不斷生長，而栽培到二年時，下葉會枯萎、掉落。細莖的上部則枝葉生長茂密，看起來很難看。

這種植物株要利用壓條、剪枝、插枝等方式使之再生，一般而言，以插枝最容易。五至七月為最適合期，取得插穗的母株可以直接進行澆水管理，這時就會長出新芽，

再生為高度較矮的新株。

馬拉巴栗

●本棉科
掌狀的葉子非常可愛

原本被當作果樹栽培，近年來則廣泛利用為觀葉植物。

由酒瓶狀的根部伸出的枝幹，帶有掌狀葉，非常可愛，具有耐陰性，是受人歡迎的觀葉植物。長大以後，花瓣深裂，會開出淡紅色的花，也可以修剪為盆栽的樹形。

●擺設場所　喜歡有太陽的地方，春天到秋天為止，將其置於戶外，或是室內明亮處。雖說具有耐陰性，但是若日照不足，則只會長高而已，還是要儘可能曬到太陽，才能夠有美麗的樹形。

耐寒性極強，在五度的溫度下就可以過冬，可以放在明亮的室內。

●澆水　缺水時葉子會掉落。春至秋天，如果栽植的材料表面乾燥，要充分澆水，直到水由盆底的洞穴流出為止。冬天則要控制澆水量，表面乾燥達二至三天以後，再充分澆水。喜空中濕度，在乾燥的室內，一天要施以二至三次的噴霧水。

●肥料　五月和九月要使用具有緩效性的化學合成肥料當作置肥。

●病蟲害　會產生介殼蟲害，一旦形成，就要撒鈣殺畏乳劑等驅除。

乾燥期會發生葉蟎，需給予葉水預防，一旦發生，則要使用乙酯殺蟎醇等殺蟎劑驅除。

●移植　二年一次，在

五至九月時進行移植。栽植用土為紅玉土五，腐葉土四，珍珠岩一所混合而成的排水良好用土。

①枝長得太長，與花盆的平衡不良。

●馬拉巴栗花

②葉子掉落以後，在芽上的 2 至 3 公分處修剪

③剪下的部分可以當成插穗，插在裝水的容器中，一個月內就會落根。

Q 枝長得太長，感覺不穩定

馬拉巴栗的生長良好，一年內會長高一公分左右，與花盆的平衡不良，容易傾倒，會有不安定的感覺。此外，老舊之後的下葉會掉落，看起來很難看。幸好，這種植物很耐修剪，枝與樹幹都會冒出新芽來。葉子掉落以後，或是枝的基部也有隱芽，因此在五至九月時，留下芽上的二至三公分，或是基部的五公分，再進行修剪。修剪的部分可以用來當成插穗，以繁殖新株。

插枝法則只要插在裝水的容器中，一個月左右即會發根，發根以後再移植到花盆內。

斑葉垂榕

●桑科
密生的葉子非常美麗

為橡膠樹的同類，為小葉，枝非常優美，近來為非常受歡迎的一種觀葉植物之一。

●擺設場所　在黑暗處也能夠適應，但是長時間放在黑暗處，枝葉會長得太長，秋天要放在戶外日照良好處，才能有美麗的樹形。夏天放在半陰涼處，或室內明亮處。放在室內的植物株若突然移到戶外，會使葉子曬傷，故一定要慢慢地習慣。

冬天放在明亮的室內，要確保十度以上的溫度。

●澆水　栽植材料表面乾了以後，就要充分澆水。

冬天要控制澆水量，栽植材料乾了以後，在傍晚之前，要澆水，但是盆中不可殘餘多餘的水分。空氣特別乾燥時，葉子會掉落，因此若擺在夏天和冬天有冷暖器設備的室內時，一天要給予噴霧水二至三次。

●肥料　四至十月為止，每個月一次，使用油粕或緩效性的化學合成肥料當成置肥。

②長得太長的樹枝，要在分枝的部分修剪，不要一次就剪到目標長度，要修剪二次。

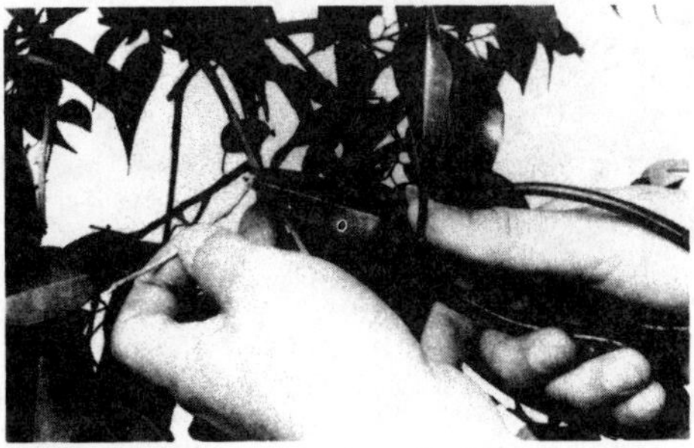

③枯枝或者過於插入部分的小枝，要從根部剪掉

④修剪結束，整形完成的植物株，以這樣的方式進行適當的剪枝以調整樹形。

植物株

●病蟲害　會形成介殼蟲，故一定要保持通風、採光良好，並且撒鈣殺畏等以驅除。

●移植　二至三年要移植一次，在五至九月進行，栽植材料要用紅玉土五，混合腐葉土四、河砂一的混合土。

Q　枝長高但樹形雜亂無章

斑葉垂榕萌芽良好，枝會長得很高，若放任不管，枝會形成太大的強弱之別而紊亂樹形。幸好，這種植物即使修剪，也仍然能夠長出新芽，所以如果太長的話，要剪掉紊亂樹形的樹枝，以調整樹形。

銀龍葉

●天南星科

受人歡迎的觀葉植物

有強烈耐乾性，為藤蔓性，適合用來當作吊籃，是受人歡迎的觀葉植物之一。銀龍葉有深綠色和黃色的斑。此外，有的品種還有白色的斑。

●擺設場所　具有耐陰性。但是若日照不足，葉斑會消失。春到秋天，要放在戶外半陰陽處，或是室內隔著窗戶也能曬到太陽的地方。冬天要確保十度以上的溫度，擺設在室內陽光充足的地方。

●澆水　雖然耐乾，但是春天到秋天為止，如果泥土表面乾燥，就要充分澆水。冬天若泥土表面乾燥達三至四天，在傍晚之前必須澆水，但是盆中不可留下多餘的水分。

●肥料　四至十月為止，每個月一次，給予油粕或具有緩效性的化學合成肥料當作置肥。

●病蟲害　會發生介殼蟲害，發生時要撒鈣殺畏乳劑等驅除。乾燥時會產生葉蟎，這時就要利用乙酯殺蟎醇等殺蟎劑防除。

①下葉掉落時，藤蔓會不斷生長，看起來很難看。

②長得太長的藤蔓，可以拉到下葉掉落以後出現縫隙的部分以調整姿態。

③調整完成的樣子，長的藤蔓剪去以後也可以插在根部。

●移植　葉色不良的植物株由於根太擠，因此必須移植。適當的時期為五至八月，栽植的材料為紅玉土混合腐葉土、砂各二成的排水良好土壤。若當成吊籃，則要以培養土三、蛭石一、珍珠岩一的比例混合來栽植。

Q　藤蔓伸展但下葉掉落，很難看

常綠葉二至三年會老化、掉落、這是生理現象。因為下葉掉落而看起來較長的部分，可以將上葉較長的藤蔓拉過來填補，以調整形態。若是用為吊籃，沒有葉子的部分要剪掉，以促進芽的生長。修剪掉的部分當成插穗來利用，便可繁殖新株。

卡多利亞蘭

●蘭科

蘭花之王

華麗會開出大朵花的卡多利亞蘭有蘭花之王之稱。分為春開、夏開、秋開、冬開或不定期開等各種不同的品種。將各種品種聚集起來，就能夠整年享受豪華花朵之樂。管理上必須配合植物株的狀態來進行。

●擺設場所 若最低氣溫在十五度以上時，五月到十月為止，放在戶外半陰陽處，或是通風良好處，最低氣溫在十五度以下時，則要移入室內，擺在隔著窗戶能夠照到太陽的地方。控制澆水量，最低氣溫若是八度，即可過冬。但是若要順利生長，需要十五度以上的溫度。

●澆水 栽植材料變白、乾燥，就需要澆水。夏天的早上可以略微給予葉水，傍晚也可以澆水，但是不能使盆內的水留到第二天早上。對卡多利亞蘭而言，國內的夏天太熱了，傍晚澆水可以使其度過清涼的夜晚。六至七月，要使栽植材料濕潤一次，若是移到室內時，在有暖氣的室內，因為空氣乾燥，所以每天都須給予葉水。

●肥料 新芽開始伸展以後，要給予規定量稀釋成二倍的液肥，一個月以後，要給予油粕或等量骨粉的肥料，或是具有緩效性的化學合成肥料作為置肥。在追肥方面，於新葉半開之前，要將規定量稀釋為二倍的液肥，一個月施肥二次。

●病蟲害 會產生介殼蟲、葉蟎，介殼蟲可用牙刷刷去，或噴灑鈣殺畏等藥劑驅除。而葉蟎則須用殺蟎劑驅除。若有蛞蝓或蝸牛等則要捕殺。

軟腐病或立枯病等疾病，會損壞這種植物。一旦產生疾病，可能會後悔莫及，所以平常便須留意，定期撒殺菌劑加以預防。

●移植　新芽長到如指尖般大時，就要進行移植。若不移植，以致芽長得太長，突出於花盆外，就很難進行作業了。球莖為六根以上時，就要進行分根。至於栽植材料，在管理上以泥炭蘚最適合。

●卡多利亞蘭花

①根突出於花盆之外，需要移植的植物株

②勉強從花盆中拔出、會誤傷根部，所以要打破花盆取出整株植物

③整個根塞滿花盆的狀態

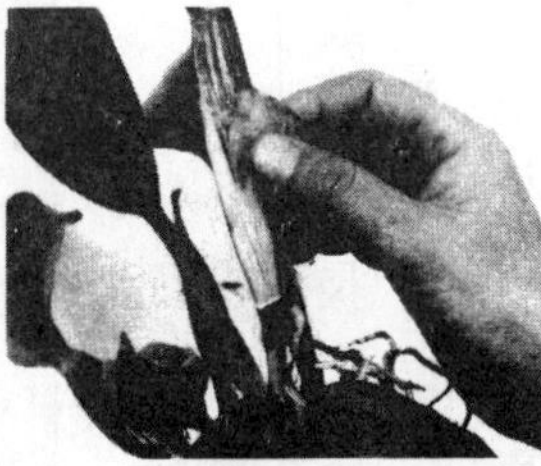

④球莖與薄皮之間容易產生介殼蟲等，所以要仔細割掉薄皮

⑤用水打濕的泥炭蘚包住根部

⑥將新芽還可以成長的植物株種植在花盆內。

Q 形成花苞卻枯萎了

因為根腐爛，使整株植物無法充分成長，就會產生這種現象。好不容易長出花苞，可是植物不具有使花盛開的體質，即使有花，也只是小小的一朵而已，一旦根腐爛時，葉會變紅，要整棵從花盆中拔出，去除腐爛的根以進行移植。此外，擺在室內，因為乾燥而形成脫水症狀，花苞就會變黃、枯萎，所以在有暖氣設備的室內，空氣較為乾燥，因此要給予葉水保濕。

虎頭蘭

●蘭科

花朵美麗的洋蘭

花莖上附著美麗的花，開花期較長，因此受人歡迎，具有豐富的花色，而且耐寒，是非常普及的洋蘭。

●擺設場所　五月至十月為止，除了盛夏時節以外，要擺在戶外通風良好、日照良好處。最低氣溫在十度以下時，就必須移到室內。非常耐寒，只要不會凍傷，就不會枯萎。為了順利生長，必須確保八度以上的溫度，擺設在隔著玻璃也可照到太陽的地方。如果要觀賞美麗的花朵，必須注意白天的室溫，在有暖氣的室內，溫度必須控制在二十度左右，以進行換氣。

●澆水　栽植材料的表面若發白、乾燥，要充分澆水，直到水從花盆的洞穴中流出為止。夏天早上要給予葉水，傍晚要澆水，這樣就能夠度過一個涼爽的夜晚。

●肥料　洋蘭當中，最喜歡肥料的就是虎頭蘭。四至七月為止，一個月施肥一次，肥料是油粕混合等量骨粉的肥料，若是用六號盆，則在灌水後可給予三茶匙的肥料。

●病蟲害　會產生介殼蟲、蚜蟲、葉蟎、蛞蝓等蟲害，一旦產生，就要灑藥劑驅除。尤其蛞蝓會啃食柔軟的芽、根、花苞及花等，在蛞蝓活動的夜間發現，就要加以捕殺或在花盆上及其周圍灑驅除劑加以防除。

●移植　整株植物塞滿了花盆，或是栽植材料過於老舊時，就要進行移植，進行分根。時期以氣溫在十度以上的四月較好。若移植得太遲，生長期間也會縮短，至遲須在五月之前結束。移植的材料使用浮石與樹皮等量混合的材料，花盆若用素燒盆稍嫌太乾，最好使用塑膠盆或是化妝盆。

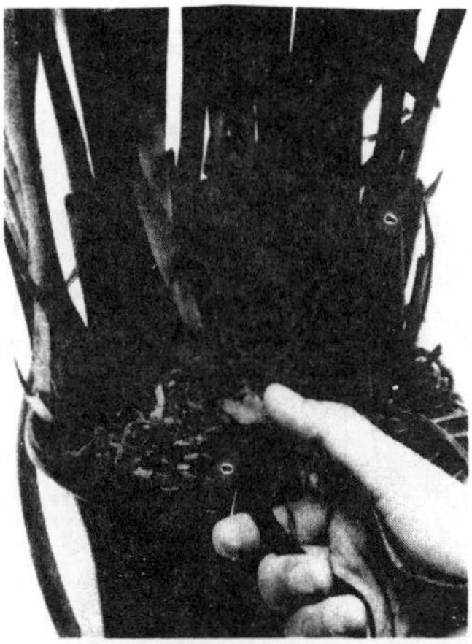

①開花過後的花莖自根部剪掉進行移植

②將帶有葉子的根由花盆上方輕輕敲打以拔出整株植物

③根塞滿在花盆內的狀態

④將根分散、老舊的栽植材料可能去除，而發黑腐爛的根則自根部切除

Q 葉子茂盛但是不開花

虎頭蘭很容易發芽，一個球莖就可以冒出八個芽來。如果放任芽不管，會使來自球莖的營養分散，即使有花芽附著也不充實。所以原則上，一個球芩上只能附著一棵花芽，其他的芽要摘掉。

⑤在較大的花盆中用新的栽植材料栽植

石斛蘭

●蘭科

華麗的花色

廣泛分布在以東南亞為主的地區，原種就有一千六百種以上，在蘭花當中是原種最多的一種。

●擺設場所　最低氣溫在十度以上時，放在戶外通風良好、日照良好處。若擺在室內長時間突然移到戶外直接照射陽光，可能會使葉子曬傷，要選擇陰天，讓植物慢慢習慣環境，夏天則擱置在半陰涼處。秋天則放在日照良好處，要控制澆水。

石斛蘭在十度左右的低溫下，如果不逾三週，是無法產生花芽的。但是在低溫下如果過於濕潤，會傷害根，因此，要擺在走廊等雨淋不到的地方，給予葉水，使其承受低溫。充分承受低溫的植物株，再移往可隔著玻璃曬到太陽的室內。很耐寒，保持花盆的乾燥，最低溫若達五度以上，可以過冬。

●澆水　五月至十月為止，若栽植材料的表面發白、乾燥，就要充分澆水。夏天的早上給予葉水、傍晚則澆水。秋天到初冬時節，要控制澆水量，使植物承受低溫。若移到室內，每十天一次，在天氣溫暖的上午，或傍晚之前澆水，但是不可使多餘的水分殘留在花盆內。

●肥料　新芽開始長出後，在六月以前，每個月一次，將油粕混入等量骨粉的肥料，如果是四號盆的話，則給予一茶匙。七月時要減少氮肥，將含有較多磷肥、鉀肥的液肥稀釋為規定量的二倍進行施肥。

●病蟲害　會有芽蟲、介殼蟲、葉蟎等，要灑藥劑驅除。而會啃蝕新芽或新葉的蛞蝓，要在夜間捕殺，或是使用驅除劑灑在花盆或花盆附近作防除。

使葉子出現黑色斑點的

①高芽成長的狀態

②用剪刀等剪去高芽，從母株分離

③把用水打濕的泥炭蘚裹住根部，種在花盆內。

黑斑病也有可能產生。放任不管時，葉子會變黃或掉落，這種情形可灑狄森等殺蟲劑防除。

Q 不開花

石斛蘭在秋天到初冬時節，要持續三週承受十度左右的低溫，才會有花芽附著，才會開花。如果不先承受低溫，一直擺在溫暖的室內是不會開花的。

此外，春天長出的新芽有球莖，大都在翌年秋天落葉後，球莖便會開花。落葉以後若將球莖減掉，就無法欣賞到美麗的花朵了。

蝴蝶蘭

●蘭科
好似蝴蝶飛舞般的蘭花

由於花朵盛開的姿態好像蝴蝶飛舞一般，因此稱做蝴蝶蘭。原產於東南亞，有白色、粉紅色、黃色等各種不同的種類。形態優雅、受人歡迎，也是經常用作新娘捧花的植物。

●擺設場所 五月至九月為止，放在戶外通風良好的半陰涼處。為高溫性植物，因此，氣溫較低的十月要移入室內，放在隔著玻璃窗也能曬到太陽的地方，如果花盆乾燥，最低溫度保持在十度，可以過冬。要使其順利成長，需要保持在十五至二十度的溫度。

●澆水 移到戶外時，栽植材料的表面乾燥時，要充分澆水，移到室內的花盆，若栽植材料表面乾燥一至二天以後，在傍晚以前澆水，但是盆中不可留下多餘的水分。如果在有暖氣設備的室內，因為空氣乾燥，要勤於給予葉水，或擺設加濕器。

●肥料 五至九月，每個月要施灑液肥二至三次。

●病蟲害 會產生介殼蟲、蚜蟲等，要灑鈣殺畏加以驅除。要捕殺蛞蝓，或在花盆和花盆之間灑驅除劑。

通風不良時，葉子會腐爛，出現軟腐病，或是形成黑點，產生黑斑病。軟腐病要使用銅水合劑，黑斑病則要灑狄森等殺菌劑防除。

●移植 每二年移植一次，在五至八月進行，栽植材料一般為泥炭蘚，而老舊的栽植材料全部去除，改用新的泥炭蘚栽植。

移植後不可使根部過濕，在二至三週內要控制澆水量。一天給予一至二次葉水。

①沒有發芽形成高芽的植物株

③用濕的泥炭蘚包住根部栽植

●蝴蝶蘭

②根不斷生長，因此要從莖部剪掉

↑開花結束後，根部以上留下3至4節的花莖，其餘剪掉，可以開二次美麗的花朵。

Q 開花結束後該如何處理

前端的花若一直擺在那兒，會使整株植物的力量減弱，所以在前端的花苞開始開花之後，就要剪下花莖，享受插花之樂。花莖留下三至四節，留下的花莖節會冒出新芽再開花一次，但是開花二次，會使整株植物的力量減弱，因此只限於元氣較佳的植物株才可以這麼做。若是較小的植物株，則要從根部剪掉。

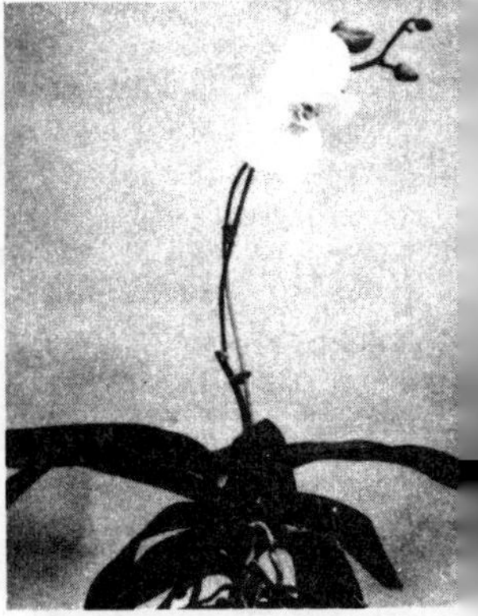

↑剩下的花再次發芽開花的狀態

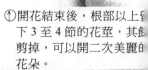

杜鵑花

●杜鵑花科

艷麗的洋種杜鵑花

以台灣的山杜鵑及琉球杜鵑為主，在歐洲種植的常綠性杜鵑花。市售的盆花在十一月左右開始上市，因此給人的印象是在冬天到早春開花的。這是促成開花的結果，原本的開花期與一般的杜鵑花相同，是在春天三月時節，會綻放豪華艷麗的花朵。

●擺設場所 購入的盆花，因為是在溫室內促成開花的植物，因此開花期可放在室內管理。四月以後，要移到日照良好、通風良好的屋外成長，唯獨盛夏時節要進行五十%的遮光管理。九月中旬以後要充分曬太陽，很耐寒，但是討厭冬天的乾風，十一月以後要移入室內，擺在日曬良好的窗邊過冬。

●澆水 一整年中，若泥土表面乾燥，就要充分澆水。夏天特別容易乾燥，早晚要澆二次水。

●施肥 四月中旬到五月上旬，以及九月，要以含有骨粉的固體油粕撒在盆土上，一個月作一次。

●移植、修剪 杜鵑花根很細，若怠忽移植的工作，會使整個根塞滿，每年的四至五月要作移植。購買時所使用的栽植材料在移植時要儘可能去除，要使用容易進行水管理的鹿沼土重新移植。這時候，為了減輕根的負擔，地上部分的枝，要各留下一至二節作修剪。

翌年開始，便不再需要去除根土了。

修剪要在每次移植時進行疏枝，新芽成長的六月上旬，要將新梢頭剪齊。七月以後的修剪會妨礙長芽，所以不能修剪。

●病蟲害　通風不良時，葉的背面會長蟲，蟲會啃蝕新芽或花苞，所以在五至九月，一個月要灑一次殺蟲劑。

●利用摘芯的方式整形、修剪

①車枝狀的新梢每一處留下二枝，其他的從根部剪掉。

②殘留下來的新梢留下二~三芽，其他剪掉，才會冒出多數的再生芽。

時期在5至6月，若進入7月才進行、會使第二次長芽的時機延緩，或造成來年不長花芽

●插芽

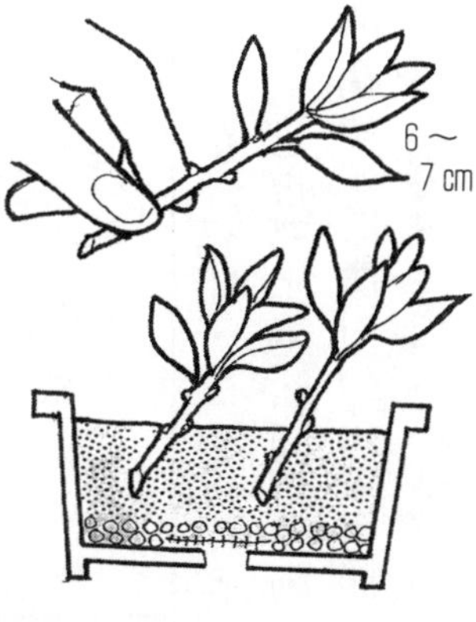

●移植

①硬的周圍土要打散，長根要修剪。

在根與根之間埋入土

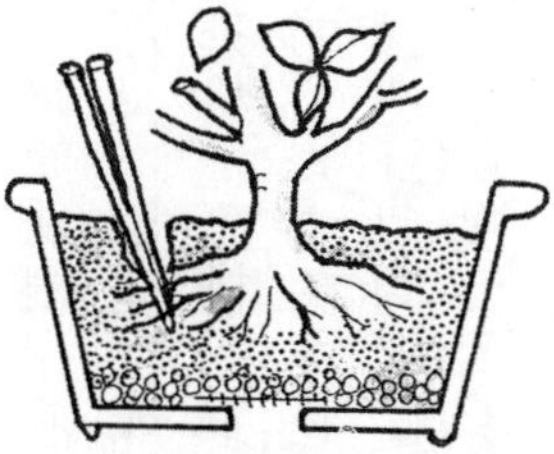

②花盆中要用新的用土栽植，用土可以使用與上一次相同的土

繩子要拉到根部，為防止乾燥，表面要鋪上泥炭蘚

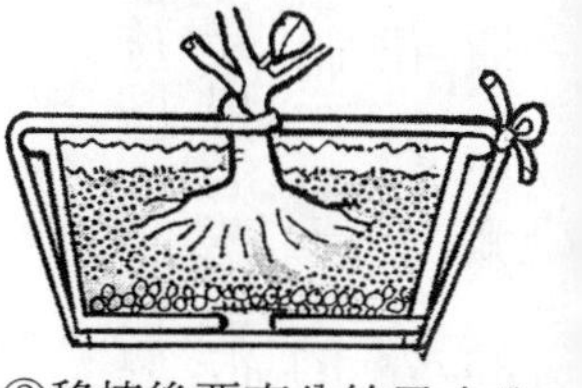

③移植後要充分給予水分，放在陰涼處吹不到強風的地方一週左右，慢慢地習慣陽光。

亞茲櫻花

●石蒜科

帶有山草味的小球根

原產於南非，為石蒜科的球根草，花卉有紅、白、粉紅等，花莖為二公分左右，高五公分左右，是帶有山草味的楚楚動人的花朵。即使用小花盆，採用叢植的方式，也可以欣賞到美麗的花朵。若是用稍大的平盆群植時，也具有美麗的風情。

●**擺設場所**　春天購買開花中的盆栽植物時，放在日照良好的戶外，可以觀賞花朵。花期極長，花苞會陸續出現，到夏天時則會陸續盛開。討厭過濕，梅雨期要放在走廊，夏天要放在通風良好的半陰涼處管理。入秋以後葉子會變黃，使花盆變得乾燥，在不會受凍的程度下可以過冬。

●**澆水**　用土表面若是乾燥時，就要充分澆水。不過必須保持排水良好，如果過濕，會使球根腐爛，如果排水不良，即使在成長時，也必須移植到排水良好的花盆中才會安全。開花結束，葉子保持綠色的時候，不可缺水，等到秋天葉子變黃以後，進入休眠期，便要終止澆水。

●**施肥**　不需要太多肥料，小球根的花期很長，十天一次給予一千倍的液肥，可使開花良好。此外，生長期間持續這種施肥的方式，就能使球根肥大，可促進分球繁殖。但是，若使用油粕置肥，球根可能會腐爛，因此最好不要使用。

●球根的移植　秘訣是每年春天移植。種植在花盆內過冬的球根，到三月時要挖起來，用新土移植。用土要選用排水良好的土，硬質鹿沼土或砂礫等小顆粒可單獨使用，或是加入二成的腐葉土使用。

●病蟲害　除了芽蟲以外，幾乎不須擔心其他的病蟲害。

●盆栽（6月時）

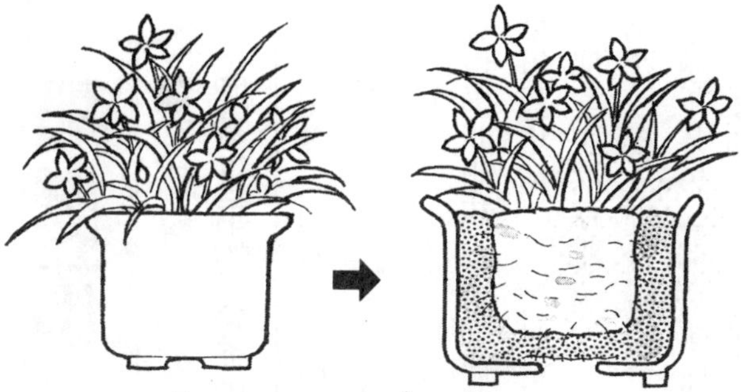
移植時根土不可分散

5月～6月時購買的開花株，在小盆中會茂密地盛開，保持這種狀態球根很難生長，因此要重新移植到大盆中

●球根的移植（3月）

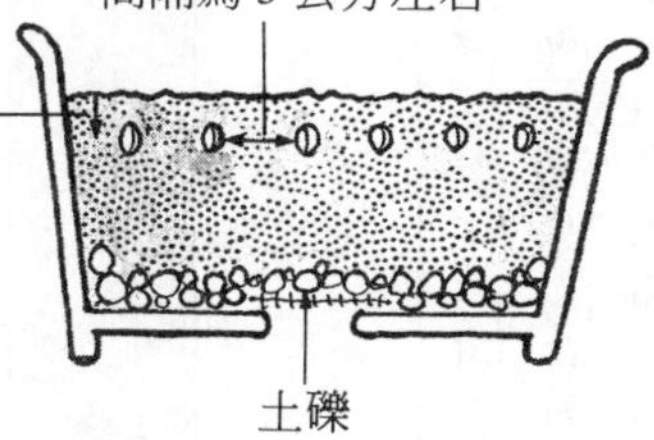
間隔為3公分左右
覆土約一公分左右

若是過密則成長不良，因此2年一次，在春芽發出之前要分根，重新移植球根

若露天栽培，要維持5～10公分的間隔來栽培，如果採用肥料栽培的盆栽方式，則要間隔3公分比較好。

用土則選擇紅玉土或鹿沼土，加入三成的腐葉土比較好。

Q 採用叢植的方式，結果白花變紅花…

這種植物有各種突變種，近來有很多大花朵種類出現，雖然系統不同，當然草勢也不同。採用叢植方式生長幾年以後，草勢較強的系統才會留下來。

孤挺花

●石蒜科

欣賞豪華的大朵花

近來由冬天到春天，種在塑膠盆內的球根會出現在市面上，這是從荷蘭進口的，已經經過低溫處理過，放在溫暖的室內時，立刻會冒出花芽，只要澆水，二週即可欣賞到豪華的花朵。翌年也仍能開花，所以管理非常重要。

●擺設場所　冬天購買帶有花芽的球根，至少要在攝氏五度以上的室內欣賞花朵。

開花以後，趕緊將花莖剪掉，為了使葉有元氣地生長，並為隔年開花著想，務須使球根肥大。開花之後，應儘可能放在隔著玻璃窗也能照到太陽的窗邊，五月上旬則移到日照良好的戶外，但是，梅雨時節的長雨季節不可淋到雨，盛夏時則進行五十％的遮光，使其涼爽過夏天。十月下旬時，葉子會枯萎。

●澆水　泥土表面乾燥，就要充分澆水，尤其生長期的夏天，要注意不可以缺水。深秋時節葉子會枯萎，入休眠期後要停止澆水。

●施肥　開花結束後，七至十天要給予一次一千倍的液肥，直到九月為止。此外，每四十至五十天要給予一次化學合成肥料的置肥，使球根肥大。

●秋天的移植　地上的部分枯萎時，就要進行移植。購買時所附的小花盆已經太小了，翌年無法繼續培養花朵。選擇比拔出的球根直徑大約二倍的花盆，露出球根的肩部淺淺栽植。用土要選用花草用的培養土，或是紅玉土七、腐葉土三的比例所混合成的用土。

移植後的球根，最低溫度要保持在攝氏五度以上，在室內過冬。若在無暖氣的

● 栽植球根

露出球根的肩部進行栽植

● 花壇栽植

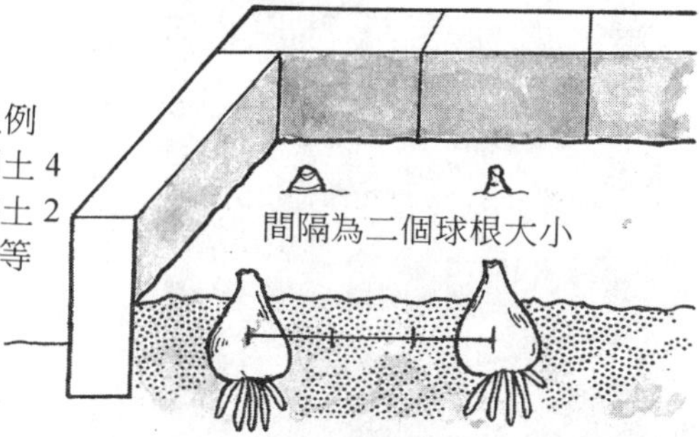

除堆肥外也可用化學合成肥料當作原肥，每 1 ㎡面積要施肥 300g 左右

● 過冬

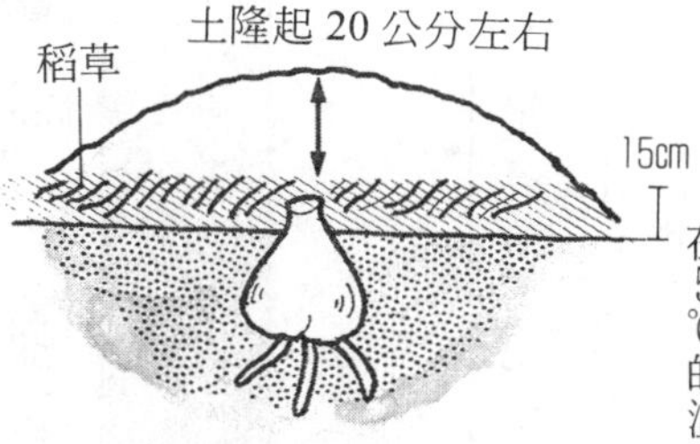

①在暖地利用稻草和隆起的土種在地裡直接過冬

（貯藏）

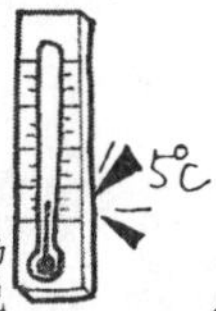

為免凍傷，至少要保存在5℃的溫度下保存

②挖出、貯藏

深秋時節，地上的部分受損時，挖出來但儘可能留下根直接作貯藏。

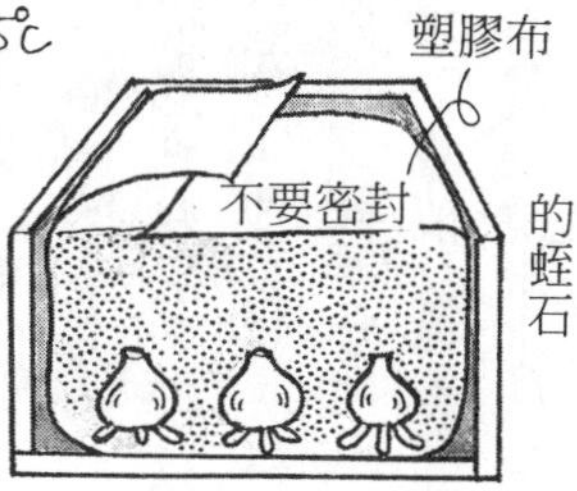

狀態下過冬，五至六月為開花期。

●病蟲害　如果淋到長雨或是強風，會損壞葉子，此時會發生赤斑病，必須注意。為預防赤斑病，在挖出球根時，要浸泡在稀釋為二千倍的苯菌靈消毒液中消毒。

蝦脊蘭類

●蘭科

受人歡迎的野生蘭

蝦脊蘭自生於山地，大都是自然的雜交種，花形、花色均富於變化，受到許多人的喜愛。最近用人工交配的方式，持續出現改良的花種。

●擺設場所　自生地為山林等陽光不會直接照射到的半陰涼地，用此採用盆栽的方式時，可以擺在建築的東側或北側，以及庭園樹木的下方。冬天不要經霜或遇到寒風，所以要用塑膠布蓋住，或是移入沒有暖氣的室內（玄關等）。

●澆水　栽植材料表面乾燥、泛白時就要澆水，休眠期間的冬天不會很乾燥，而四月至八月的生長期間由於會迅速乾燥，所以要充分給予水分。

●施肥　開花期結束到七月上旬為止，以及九月到十月上旬為止，每隔七至十天，要給予一次一千倍的花肥液肥等。前期是為了形成翌年花芽的施肥，後期則是為了過冬，充實植物整體而進行的施肥。

●移植　移植以一至二年進行一次，在剛開花過後進行。晚秋亦可進行，但是在生長期旺盛的開花後進行較不易失敗。分根時一定要附帶去年的球莖，並儘可能把喪失前年之葉子的球莖也一併進行分根。但若屬於趣味性的栽培，不要過於拘泥

●分根

分根約數年進行一次，在進行春天移植（剛開花過後），進行最小單位（新的球莖一根）的分根時，如圖所示，也有附帶前一年的球莖。

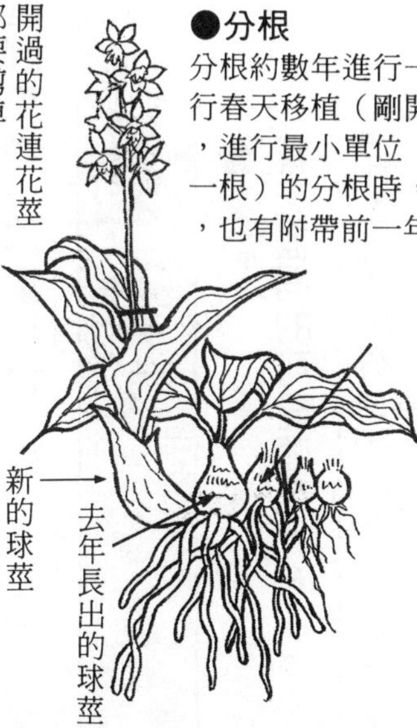
開過的花連花莖都要剪掉
前年長出的球莖

●蝦脊蘭的栽植方法

為使來年的新芽（箭頭）在盆的中心長出，秘訣就是栽植時舊的球蓬要靠向花盆邊

分根的問題，可以換個較大的花盆來移植。

用土要選擇硬質鹿沼土、硬質紅玉土、日向土、椰子殼等，可以單獨使用，亦可混合使用。此外，市面上也販賣蝦脊蘭專用的培養土。

●病蟲害　在花苞生長時會發生芽蟲，可將草達滅顆粒直接灑在花盆上防除。此外，在梅雨時節，為預防炭疽病和黑斑病，每個月要灑一次殺蟲劑以防除。

●球莖冒出芽的方法

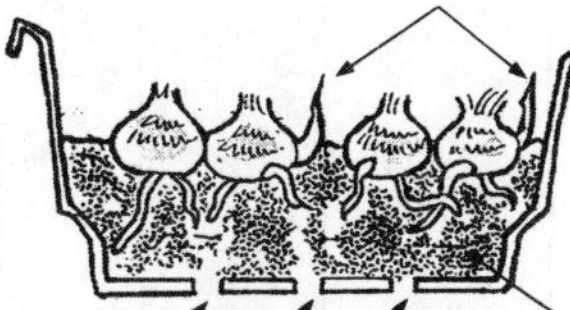
新芽
草莓盒等
濕的泥炭蘚
排水孔

球莖的頭要露出⅓至½
移植時剪掉的舊球莖幾乎沒有根，但是用濕的泥炭蘚裹住時，就要冒出新芽，可得到新苗

Q 花莖彎曲不自然…

花莖生長時，對於環境的變化最為敏感。這時若將其由屋外移到室內，更換擺設的場所，由於光線和溫度的變化，經常無法開正常的花。為使花莖維持自然正常的生長，還得在第一次的花開過後再移動。

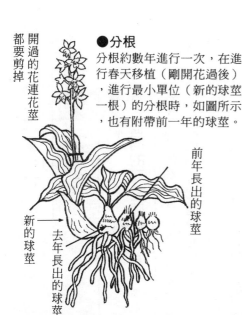

菊花

●菊科

春天盛開的可愛菊花

以開鮮艷黃花的菊花為代表，是盛開在春天的可愛的一年生草，高度比較低，因此適合擺在花壇上，或是陽台上。春天上市的花苗買回家後，各株之間相距十五至二十公分，採用叢植的方式來栽培，直到五月下旬為止，均能夠持續開花。

●擺設場所 重點是要擺在日照良好處。此外，有些菊花耐寒，可以擺在戶外，有些不耐寒，三月要擺在能防霜、防寒風的場所。

●澆水 不喜過濕，故澆水要等到用土表面發白、乾燥時再進行，如果栽種在陽台上，則二至三天澆水一次即可。

●施肥 栽植時，可於用土中加入緩效性化學合成肥料當作原肥，然後，一個月給予一次一千倍的液肥即可，多施肥只會導致葉子繁殖，最好要避免。

●播種與育苗 若要利用種子繁殖，最好在秋天購買，於九月下旬到十月上旬播種，菊花遇到高溫時很難發芽，因此要避免太早播種。種子較細，要灑在容器上，不要覆土。本葉長出時，再進行間隔五公分左右的暫時栽植，等到本葉開了三至四片時，再進行定植。

不喜寒冷的菊花，在十一月中旬至翌年三月為止，要利用塑膠布等防寒。

一旦種植在庭園中，每年種子自然就會長出苗來。

●病蟲害 幾乎沒有病蟲害，偶而會發生蚜蟲。如果發生，要利用馬拉松乳劑驅除。菊科的植物若使用殺螟松藥劑會形成藥害，所以不可以使用。

若是普通大小（長度 60 公分）的花盆，種植 5～6 株即可

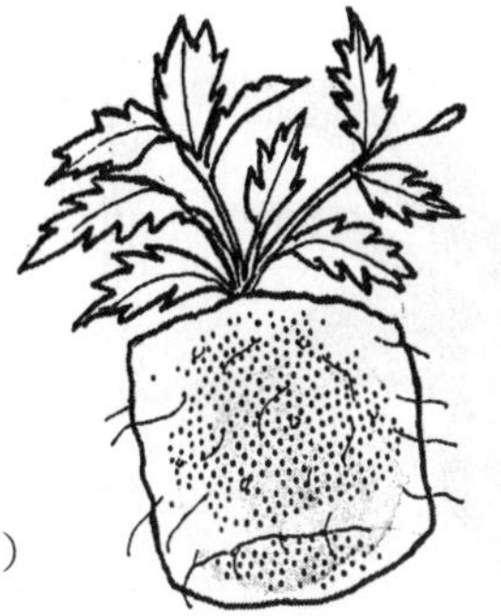

從花盆中拔出，略抖掉底部及周圍的土，使根容易成長再種植

為避免花盆加濕，底部要墊上保麗龍破片

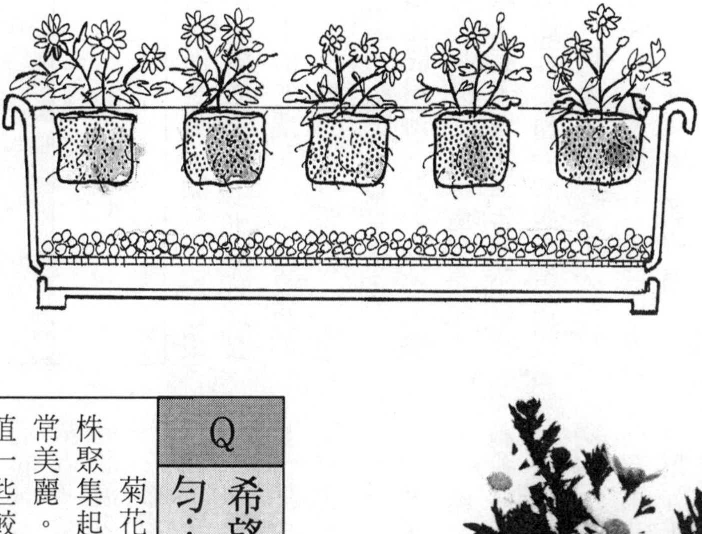

市售的培養土（花草用）

Q 希望花朵盛開均勻……

菊花的高度比較矮，數株聚集起來一併盛開時，非常美麗。可以在花盆中心種植一些較高的植物，周圍則群植菊花即可。

君子蘭

●石蒜科

美麗的花朵

二十朵花盛開在一起，非常豪華，而且葉子艷麗，可作觀葉植物來欣賞，又具有耐寒、耐陰性，極易管理，所以廣泛栽培。一般稱為君子蘭，這是指花朵朝上開的蘭花，不過真正的君子蘭應該是花往下開的。

有會開乳白色花的黃花種，以及帶斑的種類等園藝品種。

●擺設場所　春天到秋天為止，擺在戶外半陰涼處或是室內明亮處。葉子二至三年都不會掉落，因此具有極高的觀葉植物觀賞價值，但是一定要避免強烈日曬，以免葉子曬傷。

耐寒，五度以上即可過冬，可擺在室內明亮處。

君子蘭在五至十度的低溫下，持續一個月以上，才能使花莖成長，葉間才會開花。擺在不會經霜的走廊充分承受低溫後再移往室內。

●澆水　泥土表面若是泛白、乾燥，就要充分澆水。

●肥料　三至十一月為止，使用油粕或緩效性合成化學肥料為置肥，一個月施肥一次。

●病蟲害　葉背面會發生介殼蟲，一旦形成，就要灑殺螟松乳劑驅除。

高溫多濕時期會發生白絹病、根腐病、炭疽病等。一旦發生，要灑特普金M水合劑等防除。定期灑藥劑加以預防是很重要的。

●移植　根的生長良好

，因此一至二年移植一次，在五至六月中旬，或是十月上旬至中旬移植。栽植材料要選用紅玉土、腐葉土、河砂等量混合的排水良好用土。

①子株與母株成長為同樣大小，根延伸到盆土之外的植物株

②從花盆中拔出時，如果在根塞滿的狀態下就要移植

③觀察根的狀態，用刀子等割斷，分為二株，如照片所示，如果根粗大時，就要分根

④割開後為免傷及根，要用手掰開

⑤為免切口有腐敗菌進入，因此要塗抹特普金M等殺蟲劑

⑥盆土放入大顆用土以保持良好的排水作用

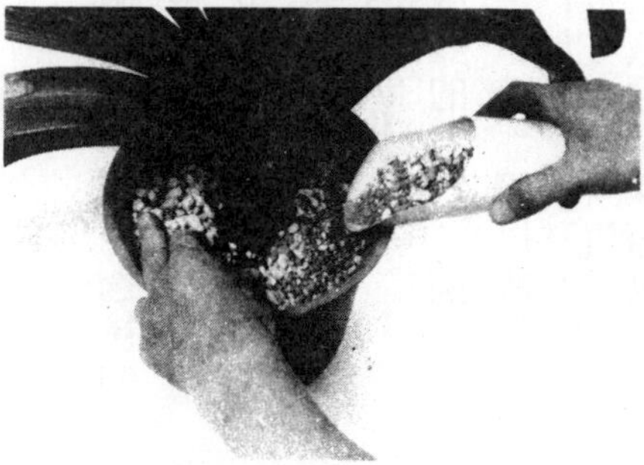

用土能聚集在盆子的各個角落

⑧在盆子上緣與用土之間留下少許空間栽植即完成

仙客來

●報春花科

冬天最受歡迎的盆花

進入十二月以後，在任何一間園藝店都可以看見各色的仙客來，和虎頭蘭一樣，是年終最受歡迎的花，事實上也是生產量極多的盆花。可開花到四月為止。

花色有緋紅色、紅色、紫紅色、粉紅色、白色、最近連黃白色的品種都登場了。除了大花朵系統以外，還留下濃厚原種特色的小型仙客來，也很受到歡迎。

●擺設場所　買回的花株要放在隔著玻璃窗也能曬到太陽的室內，夜間的最低溫度要保持在七℃以上，白天的溫度不可以太高，室溫在二十二℃以上時，花莖太熱就會萎縮。五月以後要移到戶外曬太陽，入梅雨季到夏天為止，要放在淋不到雨的陰涼處以度過夏天。

●澆水　泥土表面乾燥的話，要充分澆水，若由頭部澆的話，中心部的小花苞會腐爛，因此要使用水壺，慢慢地倒在周圍的泥土上。最近市售有一種底面給水盆，種在這種花盆內的植物，在貯水槽的水快要乾的時候，就要補充。

●施肥　開花中到五月，每週一次給予一千倍的液肥。為使花苞陸續成長、花朵盛開，肥料是不可或缺的。

●摘花柄　開花過後的花莖自根部摘掉，但是不可連種子也一起摘掉。扭轉花莖迅速拔起，摘掉枯葉時也以相同的要領進行。

●度夏的方法　照顧得好的話、隨時都可以開花，進入五月以後，花苞要加以去除，以減輕整株植物的負擔，準備迎接難以度過的夏季來臨。梅雨時期不要淋到雨，夏天要擺在陰涼的地方，保持乾燥以進行管理。入九月後要用新的用土移植，過半個月後再開始施肥。

●**病蟲害**　為預防灰色霉病，在開花期及梅雨時期，一個月灑一次苯菌靈水合劑一千五百倍液，以及狄森水合劑六百倍液等。

●**不耐寒的植物…**

因寒冷而葉子及花莖均萎縮的植物，要用報紙將葉柄周圍包住，放在可曬到太陽的溫暖窗邊，二至三天內即可恢復元氣，如果澆水，反而會使根腐爛，必須注意

●**花柄的處理**

開花結束後，把花莖自根部拔掉。

開花結束後，只剩下葉子的植物，要擺放在通風良好處度夏

●**度過夏季的方法**

①將整株植物由花盆中拔出，抖落周圍的舊土$\frac{1}{2}$至$\frac{2}{3}$

夏季結束，九月開始時再重新移植

②用新的用土移植，埋入的高度採用淺埋入法，以能夠從表土看到$\frac{1}{3}$的球根即可

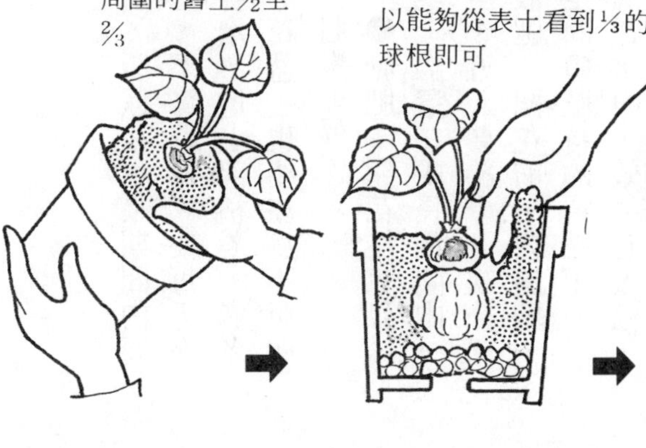

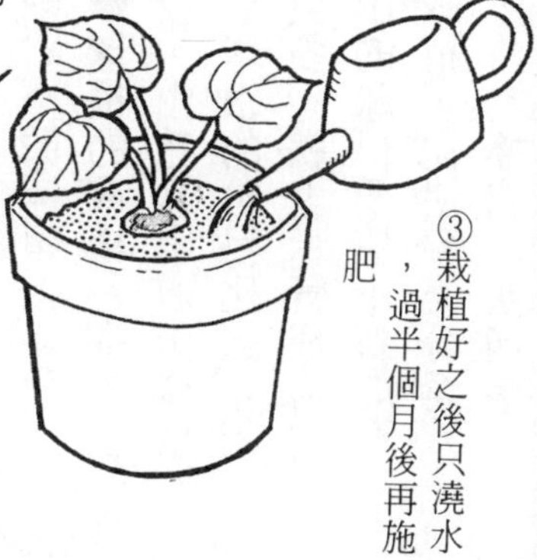

③栽植好之後只澆水，過半個月後再施肥

白鷺草

●蘭科

充滿涼意的濕地性野生蘭

似白鷺鷥張開羽毛的姿態，純白色的花非常美麗，充滿涼意，本種為日本產的小型野生蘭、生長於濕地，冬天其地上部枯萎，以球根的狀態過冬。生長期充分澆水。一年移植一次的話，即使是初次養蘭的人也能夠使其成長。放在較大的花盆中群植，能夠欣賞到美麗的花朵，除了普通種以外，市面上也有帶斑的葉種出現。

●擺設場所 購買帶花的整株植物時，移到戶外，儘可能直接接受陽光的照射。入秋以後，葉子自然枯萎，花盆不能受凍，不要使其乾燥，應細心管理，靜候春天來臨。

●澆水 因為是濕地性的植物，所以在生長期間內要注意，不可乾燥，要每天充分澆水。地上部枯萎，過冬中的花盆，也要注意不可使栽植材料乾燥。

●施肥 開花結束以後，地上部還在成長期間內，十至十五天要給予一次一千倍液肥。開花前不要施肥，若是固體肥料的置肥，一旦溶解在水中，效果會太強，所以絕對不能使用。

●球根的栽植 進入三月以後，由花盆中取出球根，如果球根的數目比去年的株數更多，就表示管理恰當，挖出的球根要使用新的泥炭蘚栽植，泥炭蘚充分含水之後，將其擰乾，塞滿半個

●休眠中（冬季）的管理

把整個花盆放入保麗龍箱內或罩上塑膠袋擺在室內

收藏之前略微澆水使泥炭蘚濕潤

擺在戶外時，要選擇不會吹到乾冷寒風的地方

●球根的栽植

①從花盆中取出球根

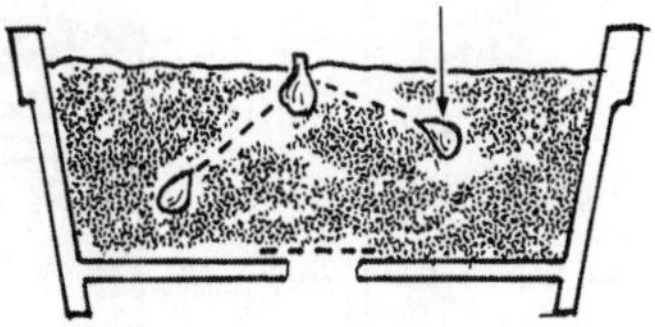

移到不會經霜的戶外曬半天的陽光

②用新的泥炭蘚栽植，栽植的材料泥炭蘚要浸在水中１～２小時，擰乾以後再使用

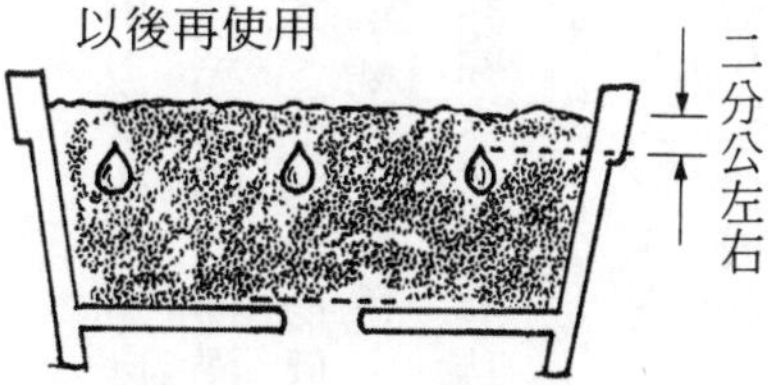

新的球根距原先的球根的位置較遠，因此要小心謹慎地取出。

花盆，在其上方取得二公分左右的間隔排列球根，然後再蓋上一至二公分厚的泥炭蘚，其後要注意防霜、防寒風，擺在日照良好的戶外管理，四月下旬便能冒出新芽。

●病蟲害　高溫時因為悶熱，會產生黑點病，因此要作好通風管理。五至九月時，一個月灑一至二次的狄森殺蟲劑等以預防。

Q　去年的花盆擺在院子裡，球根不見了

擺在戶外吹到寒風，或是花盆受凍，球根腐爛了，就不會出現球根。此外，即使做好防寒工作，但是因泥炭蘚太過乾燥也會使球根枯萎。

四季盛開的秋海棠

●秋海棠科
花期長得驚人

從春天到秋天為止，整個生長期間都會持續盛開可愛的花朵，因此可種在花壇、盆花等，廣泛作利用。

四季盛開的秋海棠有銅葉系、綠葉系、各自為紅色、粉紅色、白色的花。如果種植在花壇、陽台，採叢植的方式，可以進行各種顏色的搭配組合。此外，近年來主要是採用盆花的方式栽植，生長出一種八瓣花的品種。

●擺設場所　四月至十一月中旬為止，放在日照良好的戶外觀賞。十一月中旬到三月為止，則擺在室內的窗邊過冬。只要保持七℃以上，即不會枯萎，能夠過冬。不過若最低室溫能保持在十五℃以上，冬天也能持續生長，持續開花。

●澆水　泥土表面發白、乾燥時就要澆水，過濕時會使密集的葉與莖悶熱、腐爛，因此在長雨時節不可以一直淋雨。

●施肥　生長期間花朵會陸續盛開，因此要注意不可缺少肥料，每三十至四十天在整株植物周圍灑化學合成肥料，每週一次施以一千倍的液肥，但是十月中旬以後不要施肥。

●移植　如果是用容器栽培，等到整株植物長大時，會造成根擁擠的現象。如果根從盆底伸出，就必須移植到大花盆中了。用土選擇含有有機質的較輕的土壤為佳。每二至三個月換一次花盆的話，整株植物均能長成大株的植物。

●摘花柄與摘芯　種子很容易繁衍，因此開花結束的花柄要仔細摘掉，以避免整株植物老化。放任不管會成為疾病的病源。

　此外，修剪茂密的植物，若側枝過長要進行摘芯。

　插芽後大約二十天內會

發根成長。即使是實生，也能輕易得到苗，一年內就會開花，可以享受交配實生之樂。

●插枝的方法

剪掉 10 至 15 公分的莖，剪掉較大的葉

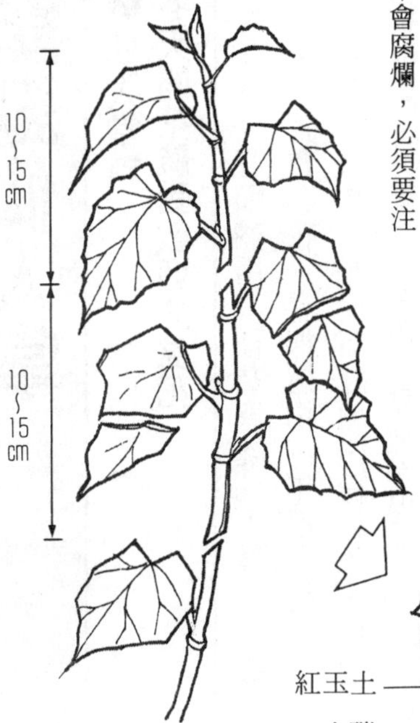

插枝的適合期為五至九月底，但是盛夏時節非常熱，穗木會腐爛，必須要注意

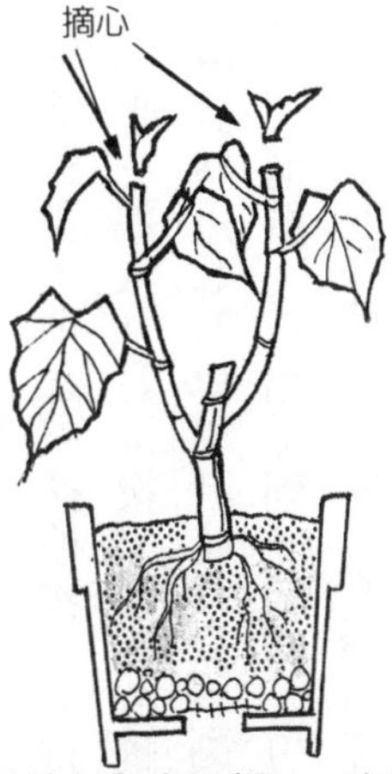

一個月左右會發根，二個月以後就具有完整的姿態。
最後要摘掉前端，以免長出脇芽。

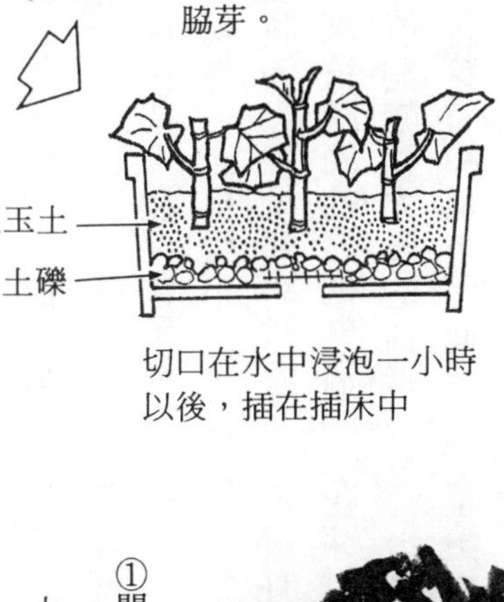

切口在水中浸泡一小時以後，插在插床中

①開花即將結束的植物株，保持這種狀態會成為太高的植物

②下定決心剪短之後，過二至三個月，又會形成美麗的植物株

聖誕仙人掌

冬天開花廣受歡迎的盆花

●仙人掌科

因為是在冬天時節盛用，稱為聖誕仙人掌。照顧時不須花太多工夫，每年都會開花，整棵植物每年都會長大，因此是適合做為家庭園藝的植物。花色有紅色、粉紅色、白色，此外最近也有銀粉紅色、橘色、乳黃色等品種登場。

●擺設場所 冬天擺在室內，能夠欣賞花朵。在不會承受晚霜的五月上旬，要移往戶外，充分照射陽光。若日照不足，則綠葉雖美，但是整株植物不充實。盛夏時節，午後要略微遮蔽陽光，進入九月以後又要充分曬太陽。深秋時節的最低氣溫若降到接近七℃以下時，移到室內，擺在能夠曬到太陽的窗邊管理。清晨，氣溫降到三至四℃以下時，花芽會掉落，因此要擺在至少能保持五℃以上的場所等待開花。

●澆水 原本是多肉質的養生植物，澆水方式與其他盆花類不同。莖節成長的春天到七月為止，很需要水分，因此若有乾燥現象，就要立刻澆水。八月以後，一週只給予一次，要保持較為乾燥的管理。一入九月，要恢復數天澆水一次的方式。

冬天等泥土表面乾燥時，過二天後再澆水。

●施肥 四月下旬至七月末止的生長期，一月給予一次固體油粕置肥，七至十天給予一次一千倍液肥。但是八月以後到翌年春天為止，不要施肥。如果持續施肥，只有葉子會成長，卻沒有花芽附著，因此必須注意。

●移植、插芽 如果根呈擁擠的狀態，很難成長，一至二年在四月中至下旬，要移植一次。由花盆當中拔出整株植物，略微掰開根土，再移植到較大的花盆中。

②開花結束後摘掉莖節，調整草姿

①開花結束後的花柄要仔細摘掉

④插在排水良好的用土上

③摘掉的莖節可用來插穗

用土可選用聖誕仙人掌專用的培養土或虎頭蘭用的培養土，在小粒部分加入少量的腐葉土。以作為栽植土。同一時期也可進行繁殖，各剪下二節莖節，切口乾燥後，插在排水良好的用土上，約三週內就會發根。在小盆中種植三株，採用叢植的方式，使其繁殖。

●**病蟲害** 要注意會啃蝕新芽的蛞蝓。

棕竹、筋頭竹

●棕櫚科

自古以來極備受喜愛的觀葉植物

棕竹、筋頭竹都是棕櫚科的植物，一般稱為觀棕竹。自古即被栽培為觀葉植物，為眾人所熟悉。品種很多，有一些葉上有斑。為古典園藝植物，很受歡迎。

●擺設場所 具有耐陰性，若長時間擱在陰暗處會不斷長長，變成脆弱株。放在能夠避開強風的半陰涼處或是明亮的室內較好。

●澆水 栽植材料的表面泛白、乾燥，就要充分澆水，直到水從盆底流出為止。過濕是形成根部腐爛的原因，所以要考慮擺設的場所，看到栽植材料乾燥時要澆水。

●肥料 五至十月的生長期，每二個月使用一次油粕或緩效性化學合成肥料。

●病蟲害 會產生介殼蟲，一旦發生，要灑鈣殺畏等驅除，一旦葉子變黑，很難看時，就表示發生了煤煙病，這時就須驅除介殼蟲了。

●移植 二年移植一次，在五至六月或九至十月時進

①根腐爛而葉尖開始枯萎的植物株

②從盆中拔出時，去掉舊的用土會發現白色、有元氣的根相當少

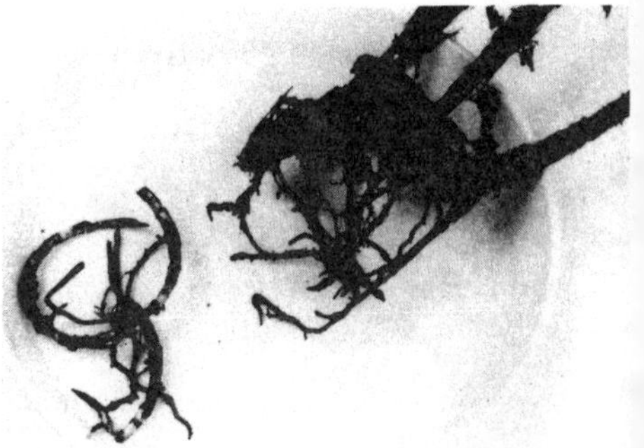

③腐爛的根或是太長的根要作整理

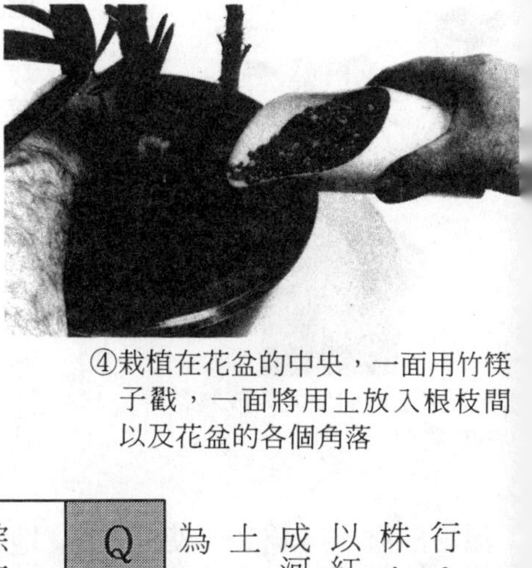

④栽植在花盆的中央，一面用竹筷子戳，一面將用土放入根枝間以及花盆的各個角落

⑤為防止乾燥，盆土表面要鋪上濕的泥炭蘚以移植

行。繁殖子株或是太大的植物株，此時要作分根。栽植材料以紅玉土加上二成腐葉土、二成河砂所混合成的排水良好用土。分根時，以三至五芽分為一株為準。

Q 葉尖為茶色很難看

栽培棕竹、筋頭竹等觀棕竹的人幾乎都有這樣的經驗，問題可能出在擺設場所。葉子受到強風，彼此會互相摩擦，或因日照太強，空氣乾燥等原因不一。首須找出原因謀求對策。葉尖枯萎的植物株看起來很難看，所以要驅除枯萎的部分，而葉尖枯萎的部分則要依照葉子的形狀來進行整形。

小齒天竺葵

●牻牛兒苗科

適合擺在窗邊的花

本產於南非的半耐寒性宿根草。不能經霜，如能保持在五℃以上即能過冬。此外，利用插枝的方法也能夠輕易繁殖苗，是家庭園藝中備受重視的花草。四月下旬到十月末為止，會陸續開花，因此在歐洲被當成裝飾窗邊的代表花。近年來品種不斷改良，有各種鮮艷的花色，以適合栽植在小花盆中的矮性品種較多。此外，半藤蔓性的天竺葵也頗受人歡迎。

①成長旺盛草姿開始雜亂的植物

②在新芽上修剪便能夠成為整齊的植物

●擺設場所　喜愛陽光充足的場所，但是有討厭過濕的性質，所以不適合長久淋雨。四月到十月底為止，儘可能擺在陽台等能夠遮雨的地方。冬天可在暖地的走廊過冬，但是，在會下霜的地區要移到室內。擺在窗邊，隔著玻璃窗曬到太陽，至少保持十℃以上的溫度，即使在冬季也能欣賞到花朵。

●澆水　若泥土的表面乾燥，過一天後再充分澆水。與一般的花草類相比，略微乾燥的管理比較好，尤其在冬季，如果氣溫降到最低溫接近五℃時，等到泥土表

●插枝的方法

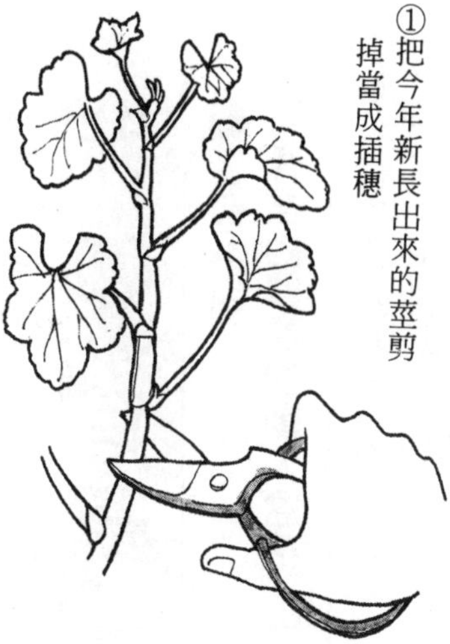

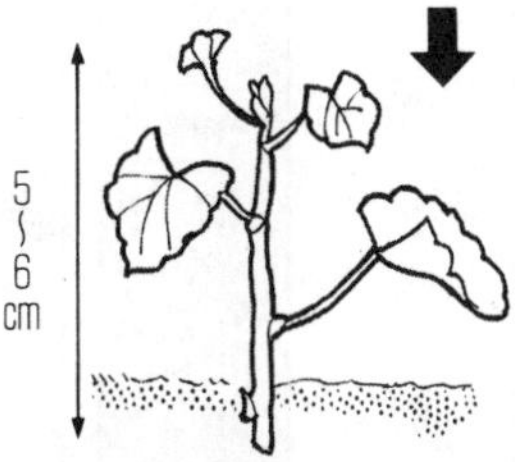

②摘掉下葉，用剃刀修剪為5～6公分的長度

6月到10月為止為適合期

一個月左右就會發根
保持15～20度左右
較容易發根

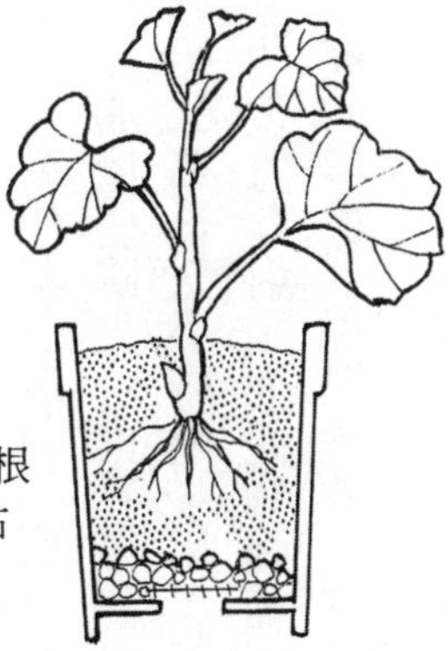
③發根以後就可以移植

●秋天的修剪

剪掉的枝可以當成插芽

如果樹枝中間枯萎，看起來很難看，可於開花後留下二節左右進行修剪。根塞滿的植物應進行移植

面乾了以後，再過三至四天再澆水。

●施肥　四月到十月的戶外栽培中，每四十至五十天要給一次化學合成肥料，冬天在十℃以上時，可以每十天給予一次一千倍液肥。

●病蟲害　幾乎沒有，不過春天和秋天會出現灰色霉病，這時應趕緊灑苯菌靈一千倍液以防蔓延。

非洲紫苣苔

可在室內觀賞的動人盆花

●苦苣苔科

非洲紫苣苔因為花朵可愛而有非洲槿菜之稱，但它並非槿菜，而是非洲所產的苦苣苔科多年草。

喜愛明亮的間接光，可以利用植物生長燈等人工光線來培養，為適合擺在室內的植物。但是不耐低溫，生長的適合溫度為二十三℃，如要過冬，至少需要七℃以上的溫度，冬天若要使花朵持續盛開，要保持十五℃以上的溫度。

●擺設場所　春天到十月上旬擺在窗邊隔著窗戶可以長時間曬到太陽的地方。如果陽光直射的話，會使葉子曬傷，所以不可以直射。但是若每天不照射十小時的微弱陽光，則花朵無法盛開。十月中旬以後，每天傍晚開始的四至五小時內，用二千W的白色螢光燈，在距離二十公分的位置照射，便能夠彌補日照不足的缺點。此外，夏天喜歡涼爽的環境，所以擺放在有冷氣的房間最為適合。

●澆水　泥土表面若是乾燥，便須澆水，非洲紫苣苔用土是使用蛭石等排水良好的用土，因此澆一次水，一週內都不會乾燥，冬天可以持續二至三週，不要太勤於澆水，否則會造成根的腐爛。

●施肥　七至十天給予一次一千倍鉀肥液肥，但是冬天只有在保持十℃以上時，才可以持續施肥。

●移植、分根　自四月下旬到九月下旬，隨時都可以進行。不過非洲紫苣苔開花以後會持續數個月，然後暫時休息。因此要等到開花結束以後再進行比較好。

●病蟲害　嫩葉若是看起來比較硬，不能正常成長，可能是有肉眼看不見的小蟎附著，所以要使用開樂散

●擺設場所

隔著玻璃窗能夠曬到太陽的地方

避免陽光直射，但是要儘可能保持長時間曬太陽

●秋至冬天的補光

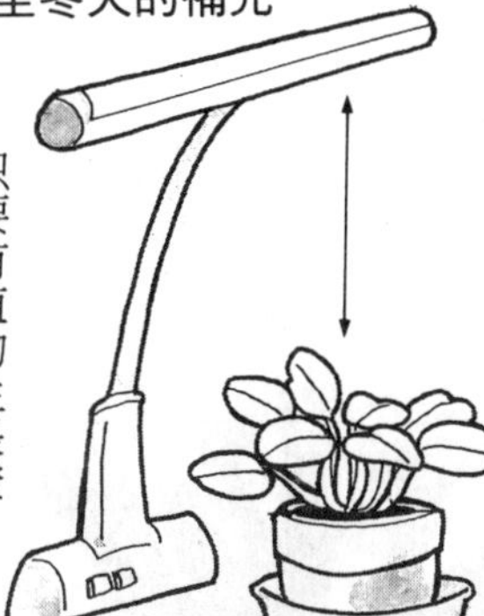

只要有植物生長燈就可以了

不照射三至四小時，冬天不照射四至五小時，則早春無法開花

●利用插葉的方式繁殖苗

5 月至 9 月上旬為適合期

①選擇有元氣的葉子，葉柄用刀子割下約 2 公分左右

②切口斜插在用土上

③ 1～2 個月以後就會形成幾根植物

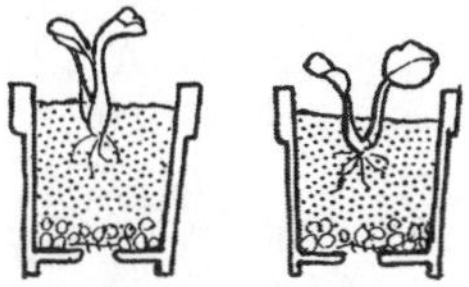

④挖出來進行分根，在小花盆內各植一根

●冬天的保濕

塑膠罩

在有暖氣的房間裡罩上塑膠罩或利用噴霧的方式加濕。但是若盆土的水分太多，因為根腐爛會使葉子低垂，必須注意

乳劑的一千倍液，每月一次灑在整株植物（尤其是葉的背面）上，以為防除。如果是蚜蟲，則須使用馬拉松乳劑或殺螟松乳劑一千倍液驅除。此外，秋到春天，為預防灰色霉病，每個月要灑一次黃樟素。

鬱金香

●百合科

春天開花的球根代表種

秋天栽植的球根草在進入九月以後球根便上市了。在早春時節，帶有花苞的整株植物會上市。在春天開花的球根草花很受歡迎，花色包括紅、紫紅、紫、朱紅、橘色、黃色等，具有多采多姿的顏色。此外，花形也有很多種，是近年來備受喜愛的插花材料。

●擺設場所　購買回來的盆花要擺在不經霜、不會吹到寒風的溫暖場所，擺在室內時，要放在可以照到陽光的窗邊管理。開花後，移往日照良好的戶外。在進入六月葉子變黃之前要充分施肥。

●澆水　泥土表面乾燥時，就要充分澆水，尤其是冬天，如果盆土乾燥，會對生長造成影響，同時容易罹患病毒病，必須注意。

●施肥　開花後，在整株植物的周圍使用合成化學肥料，開花結束以後，每十天一次，持續給予一千倍液肥。

●摘花柄　開花結束後

●開花後的管理

①太過於擁擠的花不會結果，因此要從花的根部切除
②同時給予少量化學肥料，持續適當的澆水，儘可能使葉子更持久些

●球根的貯藏　　進入6月葉子變黃後進入休眠期

●挖掘貯藏法

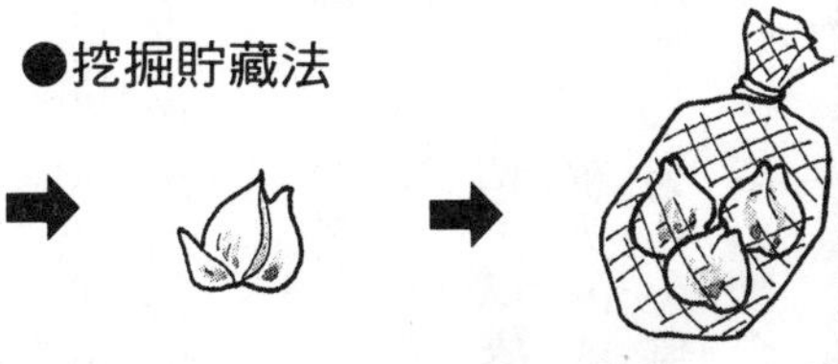

①立刻挖出來用水清洗以後放在陰涼處陰乾

②用網子等裝起來擺在涼爽處度過夏天直到9月底止

●整盆植物度過夏天的方法

①切掉地上部分

②種植淺根性的花草

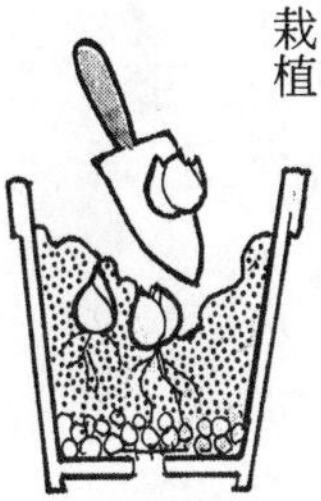

③進入適合移植的十月以後，挖出球根重新栽植

的花，趁早摘掉花莖前端，避免結成種子。

●**病蟲害**　看見小花苞時，為預防疾病，要灑狄森六百倍液。此外，為預防白絹病，在栽植球根前，及剛挖出來後，均浸泡在同樣的殺菌劑內殺菌。

Q 球根在幾號盆中要栽植幾球？

在五號盆內要栽植三球。花盆大小要計算根生長的空間，使用較深的花盆。用土是以紅玉土加上三成腐葉土，這樣便能使排水良好，栽植的深度以勉強能夠蓋住球根的程度即可。

薔薇

●薔薇科
高貴的世界名花

進入五月以後，店頭會出現許多整盆的薔薇花。一般而言，露天栽培的花木若是使用大型容器，放在陽台上也能充分開花，薔薇包括四季開花的大花系、藤蔓薔薇系、開中朵花的薔薇及矮性的小薔薇系等。而小薔薇適合栽種在花盆內或陽台上。

初夏時節購買大花種的新苗時，最初必須注意，不要弄壞根部的泥土，然後重新移植到五至六號大的深盆中，進行管理照顧。

●擺設場所 擺置在日照，通風均良好的戶外管理。日照一天至少需要五小時。

●澆水 泥土乾了以後，傍晚就要充分澆水。

●施肥 春到秋天的成長期，每三十至四十天給予一次化學合成肥料置肥。另外，每七至十天要給予一次一千倍液肥。但是停止成長時，根活動不良的時期要中止施肥，等待復原。

●修剪的方法 開花結束後的花要剪下五小片葉。為了秋天也能欣賞到花朵，八月下旬要將春天成長的枝的第二至三段重新修剪，恢復到中間的位置，等待充實的花枝發生。

冬天的修剪，只能剪到前年生長的枝的第一段為止。這項作業在二月上旬到中旬進行較為適合。

●病蟲害 一整年內都須留意蚜蟲的危害。此外，夏天高溫時會產生葉蟎類。此時要以馬拉松乳劑或殺蟎劑驅除。六月到秋天為止，葉子上出現黑色斑點的黑點病是大敵。這種病灑黃樟素最有效。此外，通風不良時會產生白粉病，必須定期灑狄森等作預防。

●冬天的修剪

冬天要將枝剪短，適當時期為早梅開放的時節，前一年成長的枝要剪掉⅘左右。

●開花及夏天的整形修剪

夏天的修剪為八月下旬。而開花枝留下基部的⅔，其他部分剪掉

為了秋天以後能形成開花枝，在今年成長的有元氣的部分，自根部算起，在第十芽左右的部分剪下。

●藤蔓薔薇的修剪

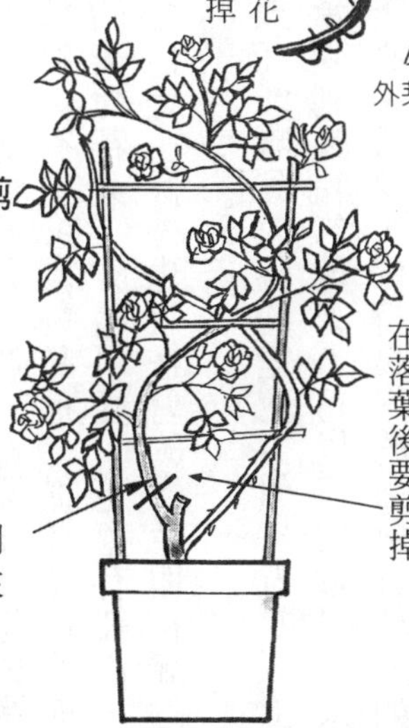

開過一至二年花之舊的部分，在落葉後要剪掉

今年春天長出的部分為開花母枝，因此必須留下來。翌年會長山很多側枝，前端會開花

燈籠花

●柳葉菜科
最適合當成吊籃

原產於中南美的柳葉菜科的常綠灌木，不喜寒冷，卻也無法應付夏天的暑熱，是屬於較難處理的植物。在夏季冷涼的歐洲，是備受重視的觀賞植物，有很多園藝品種。從長花柄的前端，開出如風鈴般下垂的美麗花朵，非常可愛。花色有紅色、深紫色、桃色、淡色、白色等，此外也有在萼的顏色與花瓣的顏色互相搭配組合，富於變化的色彩。

●**擺設場所** 冬天放在能曬到太陽的室內，保持五℃以上的溫度以管理。在不會承受到晚霜的地方，可以移到曬得到太陽的屋外等待開花。夏天必須遮陽，保持良好的通風管理。如果是吊籃，掛在走廊下也是很好的方法。

●**澆水** 泥土表面乾燥的話要充分澆水，但是冬天在沒有暖氣的房間使其低溫過冬時，一週澆水一次，保持略帶乾燥的管理。

●**施肥** 生長期間內二週一次給予一千倍液肥。此外，開花後以及九月中旬要各給予一次少量化學合成肥料作為置肥。

●**修剪和插枝** 開花後把開過花的樹枝剪短為二分之一至三分之一左右，放任不管的話，枝會不斷生長，但是開花不良。修剪後由枝的基部重新長出的樹枝，到了秋天時又會開花。為了繁殖樹苗，在四至五月時要剪下五至七公分左右的樹枝前端，插在紅玉土或蛭石中，一個月左右即可種植於花盆內了。

●**病蟲害** 除了蚜蟲以外，樹勢較弱時容易產生葉蟎，要灑馬拉松乳劑或殺蟎劑驅除。此外，梅雨期或通風不良時，容易產生白粉病，要灑狄森等殺蟲劑預防。

●插枝的方法

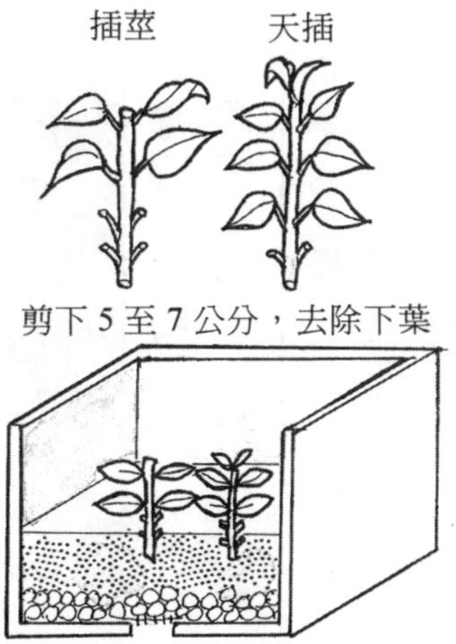
插莖
天插
剪下 5 至 7 公分，去除下葉

●修剪

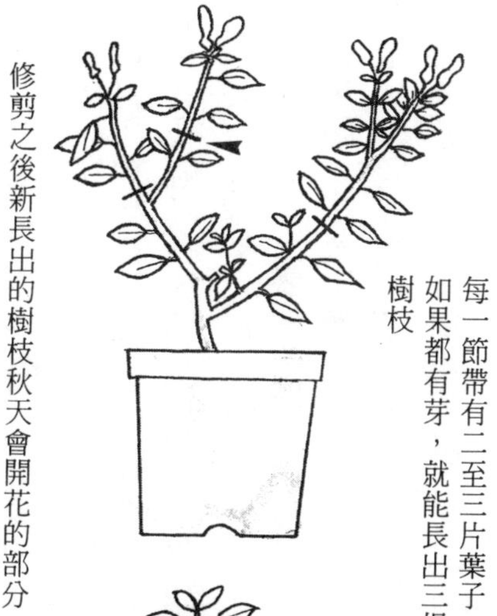
修剪之後新長出的樹枝秋天會開花的部分
每一節帶有二至三片葉子，如果都有芽，就能長出三根樹枝

●移植到花盆內

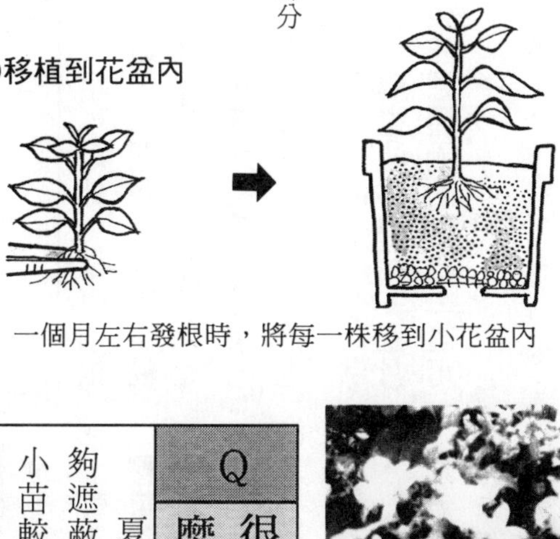

一個月左右發根時，將每一株移到小花盆內

Q 很難度過夏天該怎麼辦？

夏天可以將花盆吊在能夠遮蔽陽光的庭院樹枝上，小苗較易度過夏天及冬天。四至五月、八至九月時，依前述的方法形成插枝苗，使其恢復年輕，也是能夠度過夏天和冬天的方法。

櫻草類

●報春花科

報曉春天

花色豐富的櫻草有許多系統，除了一年草以外，還有宿根草，如果能順利度過夏天，隔年的春天還可以開花。是很容易處理的盆花，不過依種類不同而有性質的差異，必須注意。

●擺設場所　冬天到早春時節，可以欣賞到美麗的花朵，因此開花時要擺在室內曬得到太陽的地方，有些品種不喜強光，因此要利用窗帘作弱光下的管理。

四月以後移到戶外。幾盆櫻草擺在一起也非常美麗。五月中旬以後要避免白天強烈的光線，然後注意通風的問題，儘可能度過涼爽的夏天。

●澆水　盆土表面乾燥就要充分澆水。

●施肥　花苞不斷生長，是能夠長久持續開花的植物，在開花中，一週一次給予花肥等的一千倍液肥。施肥的步驟在新葉開放的五月下旬以前均要進行，六月以後到九月末為止不可施肥。

●分根、移植　氣候涼爽之後，又是生長期，所以十月上旬、中旬，是分根、移植的好時期。從盆中拔出的植物每二至三芽以手分出，移入新的花盆中。普通的櫻草每一株可以植入三至四號盆中，若是小型櫻草，在五號盆中可以叢植三株。

用土要利用市售的花草用培養土比較方便。

●病蟲害　春天一到，氣溫上升以後會形成蚜蟲，可先在盆土上方灑草達滅粒劑等滲透移行性殺蟲劑。此外，有點乾燥時不易出現葉蟎，所以不要光是灑殺蟎劑，平常澆水也必須注意要澆到整個葉子上。

●分根

九月的狀態

春天的分根每一芽到秋天為止會持續長大，而、秋天分根則以二至三芽分為一株較好

與其使用剪刀，還不如用手分根比較安全。在根附著的狀態下分根，但是沒有細根的芽可以插在砂上，發根以後再栽植用土中

分二至三株（秋）

分一株（春）

●栽植

三至四號花盆

櫻草一盆栽植一株

整株植物長大以後，要栽植在4.5至5號的盆中

四至五號盆

櫻草每 2～3 株栽植在一個花盆中

用土
- 腐葉土 4
- 浮石或桐生砂 5
- 珍珠岩 1

Q 開過的花該如何處理？

一旦結成種子後，整株植物容易老化，所以開過的花要儘早由花莖根部剪掉。不要覺得可惜，要把花莖從根部剪掉，才能夠再長出新的花莖來。

矮牽牛

●茄科

色彩豐富的夏日花朵

莖朝側面生長到容器外，因此花朵也會垂掛在容器外，所以可以栽植在花盆吊籃或大型的花盆中，非常美麗。

為一年生草，初夏時節到秋天為止會長時間開花，所以利用插芽的方式能夠輕易繁殖苗，可以用來作為各種裝飾品。

花色包括緋紅色、紫紅色、紫色、粉紅色、天藍色、橙紅色、白色等單色，或是一些有花紋或邊緣為白色的矮牽牛。

近年來受人歡迎的矮牽牛是原種系的交配新種，不怕夏日的暑熱，也不怕雨淋。

●擺設場所 非常喜愛陽光，要擺在一整天都能夠直接曬到太陽的場所。在下霜之前移到室內便能夠過冬，不過若是植物株老化、成長不良，則要利用插嫩芽苗的方法來過冬。

●澆水 盆土表面乾燥的話就要澆水，不喜過濕，故梅雨時期避免長時間淋雨。

●施肥 生長開花的期間很長，因此追肥是不可或缺的。一個月給予一次化學合成肥料，一週給予一次一千倍液肥。但是若氮肥太多，整株植物會繁殖，但花朵卻不會盛開，而且容易產生病蟲害，因此不可給予油粕。

●摘花柄與摘芯 開過花後，直接把花摘掉，以避免結種子。此外，長得太長的樹枝要摘芯，形成側枝才能擁有整齊的花姿。

●病蟲害 容易有蚜蟲出現，因此要在盆土上灑草達滅粒劑等滲透移行性的殺蟲劑。此外，為了預防灰色霉病，每個月要灑一次苯菌靈等。

當葉子出現黃色的斑點時，表示罹患了病毒性的花葉病。一旦發現，就要整株拔掉、燒掉。

①莖不斷生長，草姿紊亂的植物株

②太長的部分要剪掉，使有元氣的莖生長

③把剪掉的莖剪下二至三節，用來插穗

④插在紅玉土等排水良好的用土上會發根成為開花株

Q 在花盆中要種植幾株苗？

若是標準尺寸的花盆（長60至65公分），以種植四株為準。用土選用市售的花草用培養土較為方便。五月時栽植，在進入七月以後就非常茂盛了。

聖誕紅

●大戟科

聖誕節不可或缺的植物

熱帶產的花木，花苞變紅的時期是在冬天時期，因此被當成聖誕節用的盆花，是大家相當熟悉的植物。花苞以緋紅色為基本色，此外還有黃白色、橙紅色等其他品種。

●擺設場所　買回時放在暖和的室內，儘可能擺在隔著蕾絲窗帘，光能夠照進來的場所管理。最低氣溫不到十度C的話，因為過濕，根可能會腐爛，所以不容易澆水，而且葉子容易掉落。五月至十月中旬，放在陽光能直接照射得到的戶外，使枝葉充實。

●澆水　冬天的最低氣溫要保持在十℃以上，盆土表面乾燥，就要澆水，如果在十℃以下，根可能會腐爛，因此要進行略微乾燥的管理。或者，只能讓葉子掉落過了，在成長期時要充分澆水。

●施肥　冬天不施肥也不要緊，進入五月以後，進行修剪、移植，自下旬開始，一個月給予一次固體肥料。但是十月以後不可以施肥。

●修剪、移植　根一旦塞滿時，無法充分成長，因此到五月份上旬的成長期，各枝均要剪短，挖出根來，利用新的用土移植。這時候剪掉的枝可以當成插枝來利用，迅速繁殖樹苗。

帶有根的插枝苗，摘去天芽，根部留下幾根樹枝時，就能擁有美麗的樹形。

●病蟲害　夏天乾燥時，會發生赤蟎，要仔細觀察，一旦發生，就要灑殺蟎劑驅除。此外，通風不良時會出現蚜蟲，必須注意。

●使花苞有美麗的顏色…

夏天以前要充分曬太陽、充分施肥，使枝葉充實

九月中旬開始，從傍晚六點起到第二天早上八點為止，要蓋上波狀防震紙箱等，保持一天有十四小時的完全黑暗時間，便能促進花芽分化，使花苞擁有美麗的顏色

●利用插枝法繁殖苗

利用插穗

①春天移植、修剪，長成二十公分的芽，於七月上旬至中旬進行插枝

②泡在水中沖掉白色汁液，插在插床上，置於陰涼處進行 7 至 10 天的管理

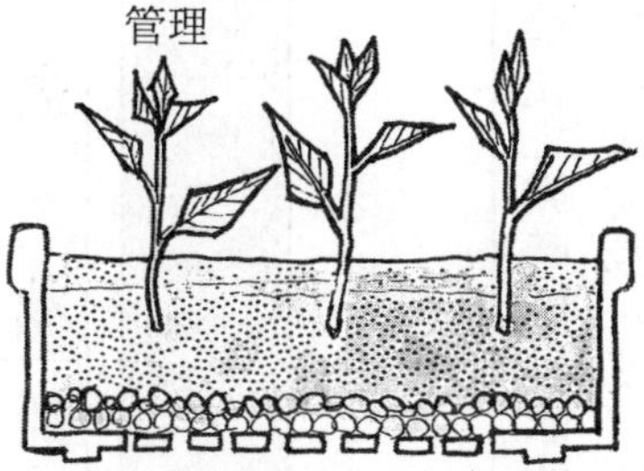

單用紅玉土，或是紅玉土加入二成蛭石的混合土

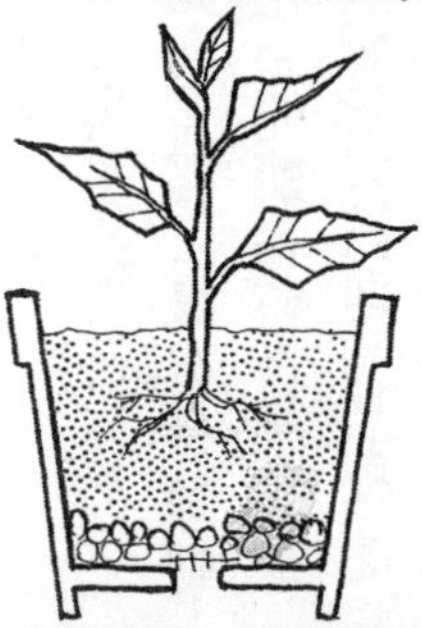

③插枝後二十天至一個月會發根，便可種植在花盆中。種在花盆後，確定存活之後就可以施肥

Q　去年的顏色很漂亮，但是今年的顏色不好看

聖誕紅是典型的短日植物。進入九月以後到十月上旬為止，每天傍晚六點到第二天早上八點，要用防震波狀紙箱等蓋位，增長夜的時間，即能使花芽分化，花苞擁有美麗的紅色。

百合

●百合科

美麗的新品種陸續登場

自古以來即廣受女人歡迎的球根草花。原產於日本的種類非常美麗，現在歐美所製造出來的園藝種，大都是使用原產於日本的百合。

百合雖然具有豐富的花色，但是沒有什麼香氣。

朝側面盛開，具有楚楚動人純白花朵的麝香百合，是很容易培養而受人歡迎的品種。

此外，近年來也出現適合當成盆栽植物的矮性種。

●擺設場所　開花中的盆栽植物要擺在日照良好處觀賞。開花後剪掉花首，儘可能擺在不會長時間淋到雨的場所度過涼夏。

●澆水　盆土表面乾燥時，就要充分澆水，但是須注意避免過濕。

●施肥　開花結束後給予化學合成肥料，其後十天給予一次一千倍的液肥，一直到葉子變黃的時期為止。

如果種植球根，在春天長出新芽時，要給予少量化學合成肥料。

●病蟲害　會發生蚜蟲，所以要在根部灑草達滅粒劑加以驅除。

此外，為預防灰色霉病或各種斑點病，每個月要灑一次狄森。

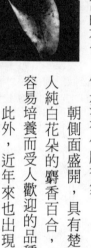

●栽植（地植）

栽植深度為球根高度二倍的覆土

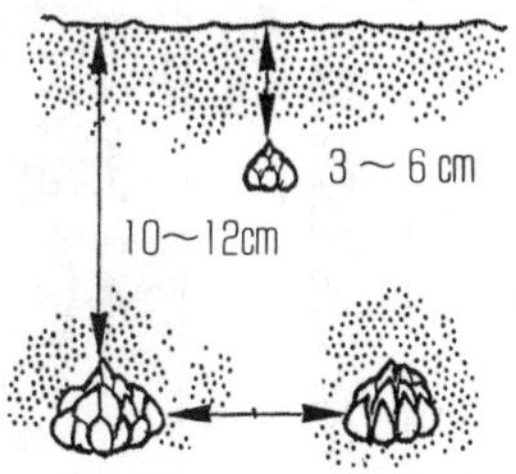

各株之間間隔二球的距離

上根吸收肥料，因此在地表施肥

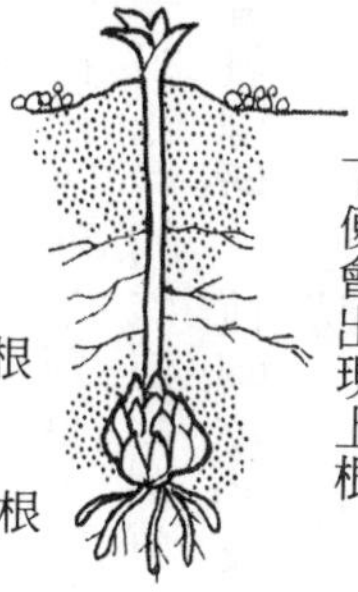
上根
下根
地上發芽後不久，地下便會出現上根

●栽植在花盆中

栽植在盆內2/3左右的深度，如果栽植較淺，則上根較少，成長不良

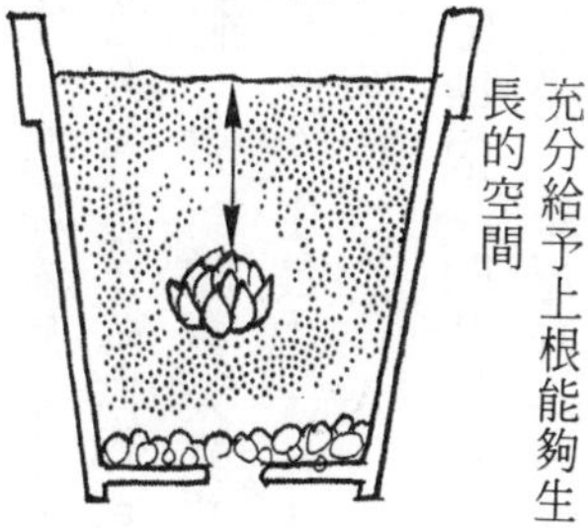

●挖掘、貯藏

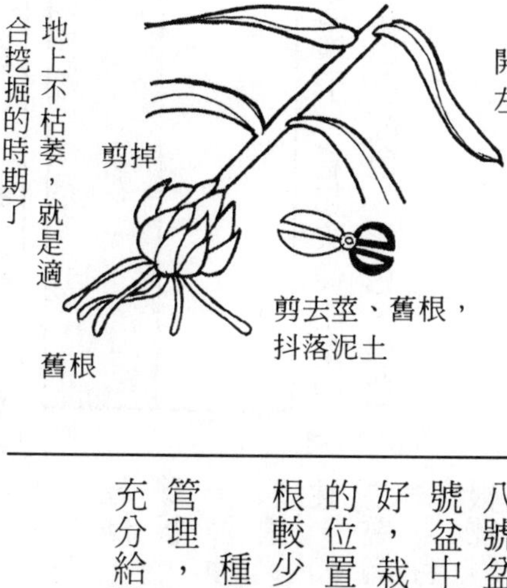

剪去莖、舊根，抖落泥土

用釘書機釘起來

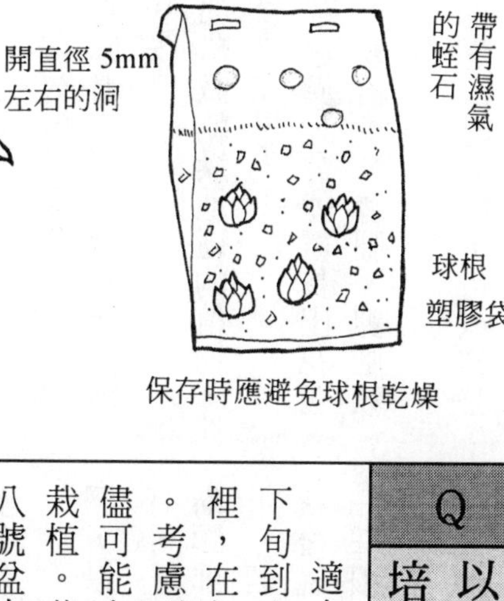

保存時應避免球根乾燥

Q 以盆栽方式該如何培養百合球根？

適合栽植的時期為九月下旬到十月中旬。在園藝店裡，在年底以前都會賣球根。考慮到翌年成長的問題，儘可能在十月上旬之前就要栽植。若是高性種，在七至八號盆中栽植三球，或在六號盆中栽植一球。盆愈深愈好，栽植在盆三分之二下方的位置。如果栽植較淺，上根較少，無法好好地生長。

種植以後，要進行戶外管理，如果盆土乾燥，就要充分給予水分。

毛茛花

●菊科

色彩艷麗的球形花

多數花瓣重疊在一起，形成球形的樣子。看起來像小型芍藥一般，在早春的園藝店引人注目，花色有紅色、桃色、橙色、黃色、白色，非常豐富、鮮艷。

為半耐寒性的秋植球根草。

●擺設場所 買回來的盆花要擺在陽光能夠曬得到的室內窗邊，但是不需要暖氣。在不會受凍的低溫下，花能夠充實地盛開，而且能持久。在暖地，則可放在走廊。

●澆水 為原產於中東到歐洲東部略微乾燥地區的植物，所以要避免過濕。等盆土的表面乾燥以後再澆水。

●施肥 與一般春天開花的球根草迥異，會陸續長出花苞、開花，因此在生長中，每十至十四天要給予含磷肥、鉀肥較多的一千倍液肥。

●挖出球根 開花結束以後，連花莖一起剪掉，可減輕整株植物的負擔，氣溫升高時，開花結束，生長停止，葉會變黃。這時要停止澆水，使盆土乾燥，地上部枯萎時，挖出球根。挖出的球根首先將泥土沖淨，擺在通風良好的陰涼處，充分乾燥，使球根變硬。如果乾燥不足，夏天容易腐爛，必須注意。

毛茛花的球根是塊根，根部附近有冒出芽的部分。

一般而言，不要勉強分開，以整株成長比較好，若不小心分開球根，可能會折斷頸部，使其無法發芽。

若一定要分根，可於入秋後確認新芽長出後，讓每一珠根均有芽附著以行分根。

●病蟲害 幾乎沒有，不過要注意蚜蟲。

●開花中的照顧

10 天一次給予
1000 倍的花肥
液肥

開花結束後的花莖自最上方的
葉子上方剪掉，為培養球根，
最好多留下一些葉子

●挖掘、貯藏

①進入六月以後葉子變黃就挖出，用水清洗後充分陰乾，直到球根變硬為止

●栽植（10 月中旬）

直接栽植乾燥球容易腐爛

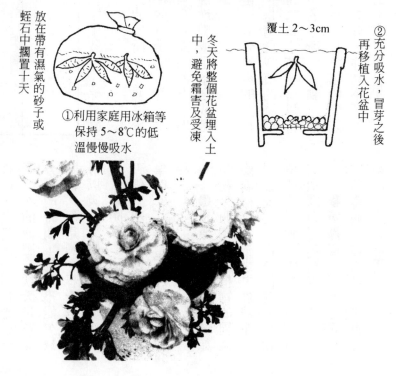

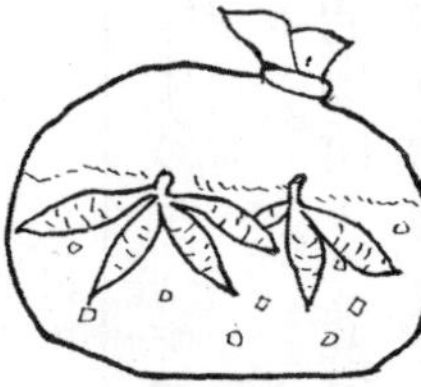

①利用家庭用冰箱等
保持 5～8℃的低
溫慢慢吸水

放在帶有濕氣的砂子或蛭石中擱置十天

覆土 2～3cm

②充分吸水，冒芽之後再移植入花盆中

冬天將整個花盆埋入土中，避免霜害及受凍

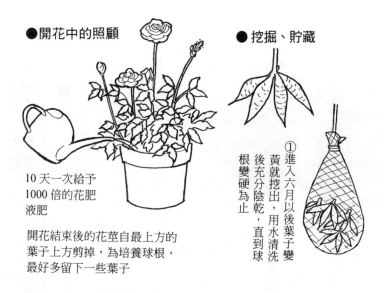

草莓

●薔薇科

深受兒童歡迎

一般所見的是大果品種，但是也可以在家中栽培。除菜園以外，利用花盆也可以採收果實。

●**栽植場所**　在日照、排水通風均良好的場所，喜愛富於保水力的肥沃土壤。決定場所之後，於栽植的三週前，每一平方公尺灑四百公克左右的苦土石灰，一週後灑堆肥或化學合成肥料。

●**栽植苗**　氣候涼爽的九月下旬到十月，是適合栽植的時期。六月至七月購買小苗，可以暫時種植在涼爽的場所，等到這個時期到來再栽植。栽植苗的間隔為二十至三十公分，注意不要過於深植，絕對不能埋掉新芽。

●**施肥**　進入冬天，生長停止之前，一個月施以一至二次的液肥。秋天是花芽分化的時期，絕對不能欠缺肥料。但是到了春天過了三月以後不可施肥。

●**防寒**　耐寒，但是冬天仍須塑膠布蓋住，才能提早開花，在早春便可以收穫。

●**覆蓋**　二月左右開始開花，開花以後植物的周圍要蓋稻草，防止果實被泥土污染或防病蟲害侵襲。於栽植苗的時候，田壟上整個覆蓋塑膠布也是好方法。

●**病蟲害**　病害方面為灰色霉病、白粉病，害蟲則須注意蚜蟲及葉蟎。

●栽培纖匍莖

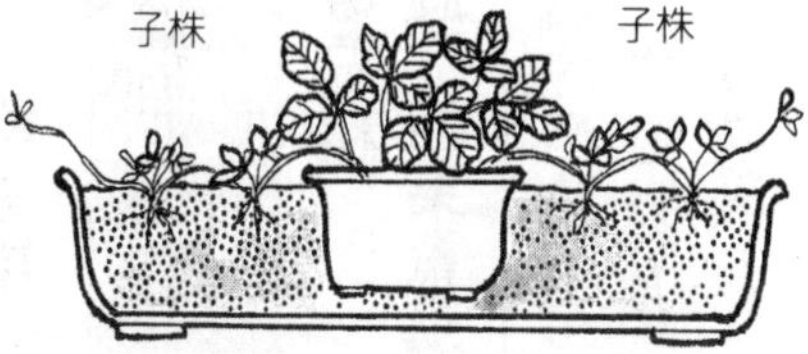

收穫完成進入六月後，栽植於庭園中，或連花盆一併放入大箱子內，使纖匍莖成長，產生子株。

●用鐵絲籃栽植

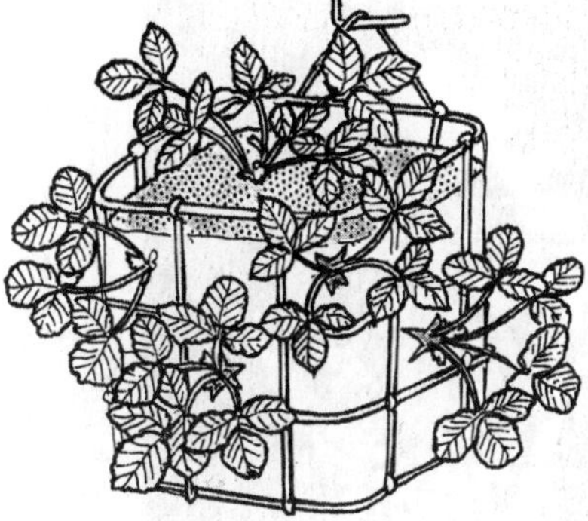

在花草用的鐵絲籃中叢植五至六株也不錯

●纖匍莖的移植

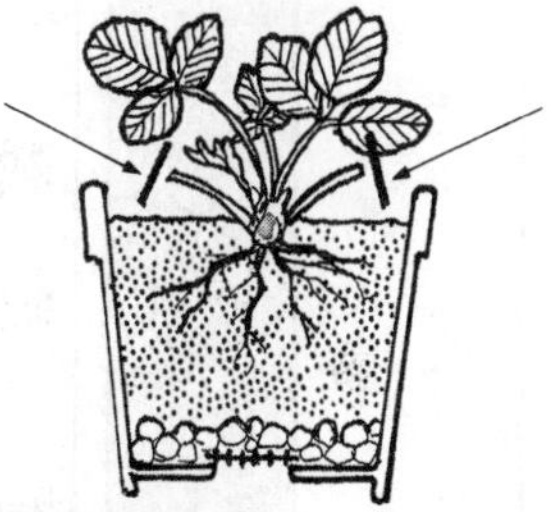

不可深植，芽的部分不可沾土八月下旬至九月上旬，本葉會開二至三片的子株，分離後栽植於花盆中。

●定植

若是用花盆使用五至六號較深的花盆栽植—

用土為田土八、腐葉土二

根附著之後給予少量化學合成肥料

10 月中旬至下旬，本葉成長為 6 至 7 片的苗，將其定植於花盆或大型花盆中。若栽植於大型花盆中，以栽植本葉為 3 片的苗比較好

●收穫

普通栽培五至六月即可採收，若是利用溫室栽培進行保溫栽培，則四至五月可以收穫。

Q 今年的收穫株明年會結果嗎？

草莓為多年生草，但是一旦株老化時，結果不良，因此要剪掉六月中旬開始發生的纖匐莖（子株）加以培養。將本葉開三片，根充分分岐的子苗暫時栽植在移植床上，度過夏天以後，等秋天再定植。

毛豆

●豆科

摘下的果實風味絕佳

夏天喝啤酒時不可或缺的下酒菜之一，就是鹽水煮毛豆。鮮度第一。若是使用自家栽培的毛豆，當然風味更佳，相信來年一定還想再栽種一些。

如果日照良好，即使在貧瘠的土壤上也可栽培，是不費事，適合家庭栽培的作物。

豆類分為夏豆、秋豆。毛豆是夏豆，有時種植黑豆也不錯。

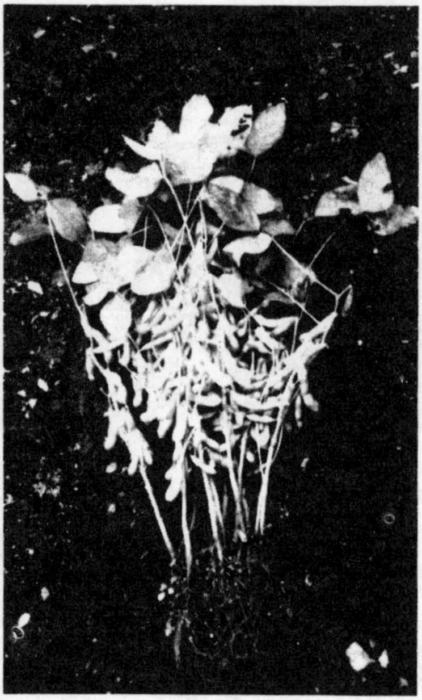

●栽植場所

若是日照良好，任何場所均可以成長。因為整株植物很矮，所以就算在庭院的一隅或路邊也可以成長。若種植在菜園中，最好先作成寬五十至六十公分的田壟。

●播種

早生品種的四月中旬到下旬，中生品種以五月至六月上旬為適合期。播種一週前要充分耕耘，灑苦土石灰或草木灰，根不會長得太深，所以不必深耕。

土質好的話，不需要原肥，不過一平方公尺使用一把化學合成肥料則更易成長。若是氮肥較多的肥料，只有葉子成長，很難結果，所以不要使用氮肥較多的肥料。

種子的開隔為二十至三十公分，一處只須播種三至四顆，播種後覆蓋土的厚度為二至三公分，上方再灑一把草木灰。

●疏伐與鋤土　本葉開出二片的部分要進行疏伐，一處留下二根，等到長高到三十公分左右時，根部要略微鋤土以防止乾燥。過於乾燥時，根部要利用枯草等覆蓋。

●病蟲害　梅雨時期會出現斑點病，所以要趕緊灑狄森。盛夏時節會發生葉蟎，因此要利用馬拉松乳劑或殺蟎劑驅除。

●收穫　全部的豆莢膨脹到七分左右時，自根部摘下採收。

●播種

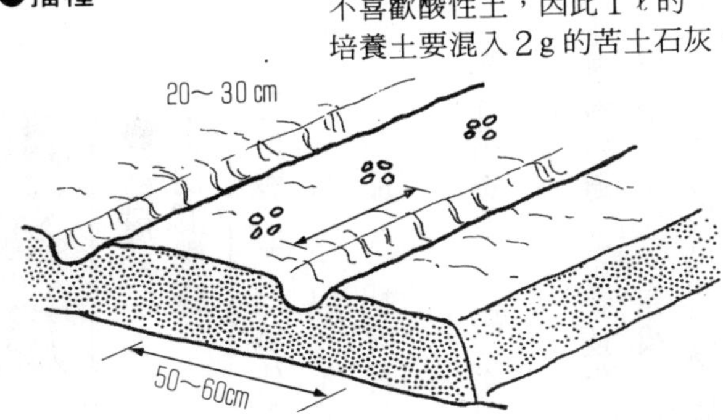
不喜歡酸性土，因此1ℓ的
培養土要混入2g的苦土石灰。
20～30㎝
50～60㎝

●疏伐

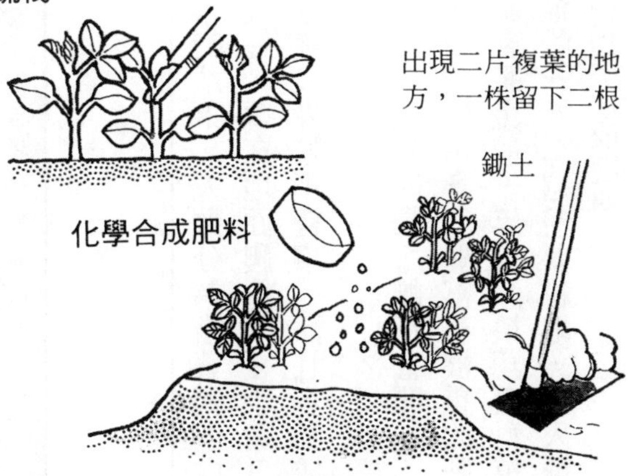
出現二片複葉的地
方，一株留下二根
鋤土
化學合成肥料

Q 照顧的方法如何？

毛豆的確是不費事的作物，不需要追肥。即使有些病蟲害，對收穫也不致造成影響。但是，若一旦埋入雜草中，因為日照不足，反而很難結果，因此只要除草就可以了。

小黃瓜

●葫蘆科
夏日的風味

小黃瓜與茄子同為代表夏天的蔬菜。大致分為沿著網子向上爬的春小黃瓜，以及不使用支柱，會在地面爬行的夏小黃瓜（爬地小黃瓜）。初次種植者選擇後者較不費事，而且容易成長。

●栽植場所　日照不足時，無法充分成長，雌花會開花不良。土壤必須具有排水力、保水力，使用含有豐富有機質的肥沃土壤較合適。不喜連作，因此要避免前一年曾栽植葫蘆科植物的場所。場所決定後，在播種的一至二週前要耕地，混入堆肥，每一平方公尺的面積撒二把化學合成肥料。

●播種　五月下旬至七月是播種時節，這段期間，若挪開播種期，收穫期也會跟著挪開。方法是先做成寬一公尺的田壟，於各株之間保持四十至五十公分的距離，播種四至五顆。蓋土一公分後充分澆水。

●疏代與摘蕊　本葉長出後留下二根。若本葉為三～四片時，留下一根。夏小黃瓜長到八節左右時，摘下母藤蔓的前端，從這個部分長出的子藤蔓在八節前後要摘蕊，而孫藤蔓則於五至六節時摘蕊。

●鋪稻草　紫藤蔓成長之後，整個田壟都要蓋稻草，能夠防止乾燥，同時也具有防止果實受污染或防止病蟲害的效果。

●施肥　果實陸續成長。為避免整株植物疲累，一個月要灑一次化學合成肥料。有時也可以灑具有速效性的液肥。

●病蟲害　七至八月的高溫期，會發生白粉病、炭疽病等，可灑狄森等預防。

而蚜蟲、葉蟎、瓜蠅等害蟲都要儘早驅除。

●收穫 果實在開花後不久，會緩慢生長，達某一程度時，會開始急速肥大。爬地小黃瓜因為躲在陰暗處，有時看不見，若是採收較遲，會對整株植物造成影響，所以一定要仔細採摘。

●播種

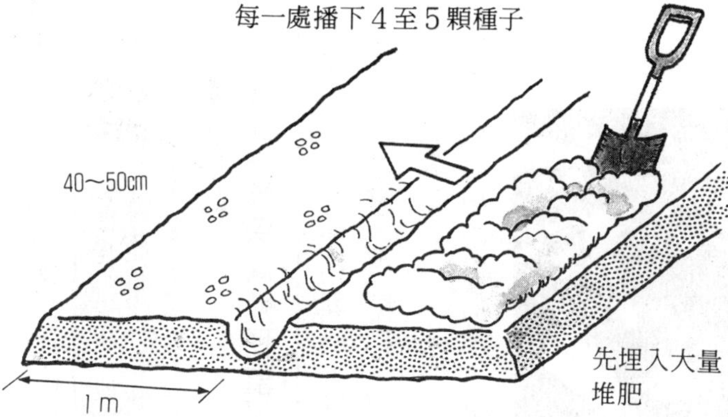
每一處播下４至５顆種子
40～50㎝
1ｍ
先埋入大量
堆肥

●爬地小黃瓜的摘蕊

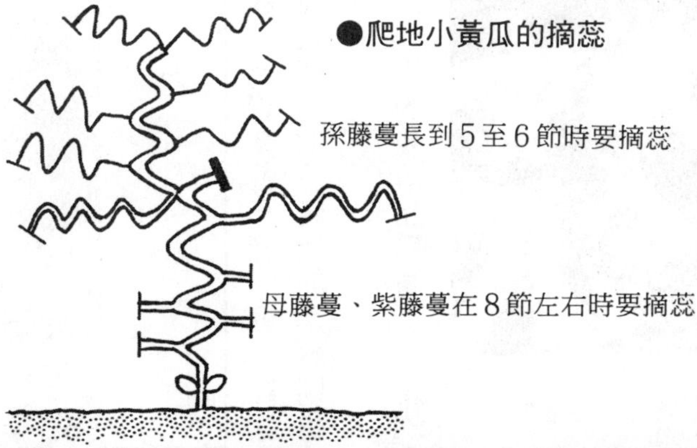
孫藤蔓長到５至６節時要摘蕊
母藤蔓、紫藤蔓在８節左右時要摘蕊

Q 雄花開花但雌花卻未開花……

可能是因為沒有摘蕊的緣故吧，強勢的藤蔓，雌花很難附著，依前述方法反覆摘蕊，才能使得力量均衡的藤蔓成長，而有雌花附著。

紫蘇

●唇形科

種在庭院角落備受重視

花草茶經常會使用紫蘇。紫蘇分為青紫蘇和紅紫蘇。紅紫蘇主要是梅乾的著色用植物，而在家庭中用途廣泛的紫蘇則是香氣較強的青紫蘇。

紫蘇往往會被害蟲啃蝕，所以市售的栽培品都灑了大量的藥劑，有洞的葉子反而比較安全，不過，自家栽培的還是比較好。

●種植場所 日照良好，通風良好即可，不必刻意選擇土壤。

●播種 挖五十至六十公分的田壟播種溝，灑下有機質肥料，重新填土，進行條播。播種時期為三至四月，覆土可以薄些，發芽後密生部進行疏伐，各株之間保持十五至二十公分的間隔。剛發芽時所摘下的幼苗為紫蘇芽是很好的下酒菜。

●肥料 一個月一次，在田壟間灑化學合成肥料。根部要除土。如果土壤肥沃，就不須特別施肥。

●病蟲害　幾乎沒有病害，害蟲則是螟蛉和毛毛蟲。此外，夏日的乾燥期會產生葉蟎，要儘可能去除雜草，保持通風良好，防止害蟲發生到最低限度。

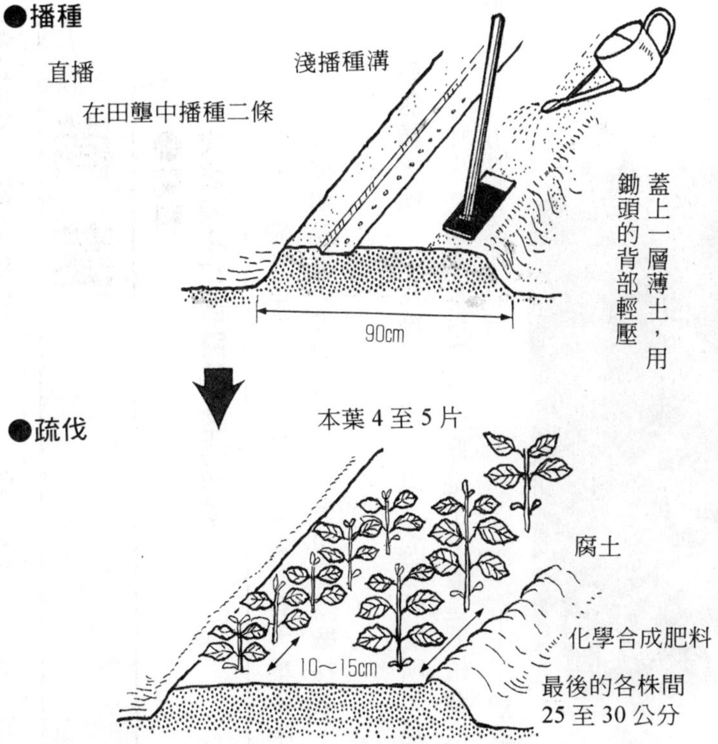

發芽後在密生部進行疏伐，本葉為 4 至 5 片時，間隔 10 至 15 公分。如果太過密生，要進行疏伐。最後株間保持 20 至 30 公分

●收穫　葉紫蘇可採摘嫩葉食用，然後可採收完全成熟的紫蘇籽當作醃漬菜。穗紫蘇則當作花穗，花穗在半開花的程度下，自根部將穗剪下來利用。

Q 紫蘇芽如何培養？

當作下酒菜的紫蘇芽，可以利用各種容器，甚至可以利用裝草莓的空盒子。可以種植紅紫蘇或青紫蘇。紅芽在發芽後十至二十天，本葉開出二片時，青芽則在子葉開出時就可以收穫。

隨時都可以播種，如果將播種時間挪開的話，隨時都可以利用。

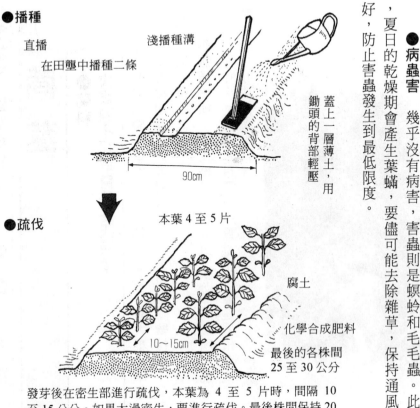

茼蒿

●菊科

火鍋料不可或缺的冬天蔬菜

和小油菜同屬初學者可以栽培的葉菜。有大葉、中葉、小葉種、中葉種耐寒暑，容易栽培。冬天可以陸續採收，享受特有的香氣之樂。

●栽植場所　可持續曬到半天以上太陽的場所，都可以栽植。在家中，可栽植於秋花檀的厚地上。若是栽植春植球根，灑在其上可以有效地活用土地。不必刻意選擇土質，當然，肥沃土壤可使其成長良好，故可事先於泥土中混入雞糞或化學合成肥料。

●播種　九月上旬至十一月上旬為適合期。一般選用的播種方式是寬三十公分的條播。

進入晚秋以後才播種，會因為溫度不足而不易發芽，所以上方要蓋塑膠布，保持在十℃以上才能發芽。

●疏伐與施肥　發芽後配合生長的情形，在密生部進行疏伐。拔掉的苗可當作芽菜來利用。此外，亦可種植在花盆中。

本葉為三至四片時，要在田壠間略微耕土，灑化學合成肥料，其後每十天灑一

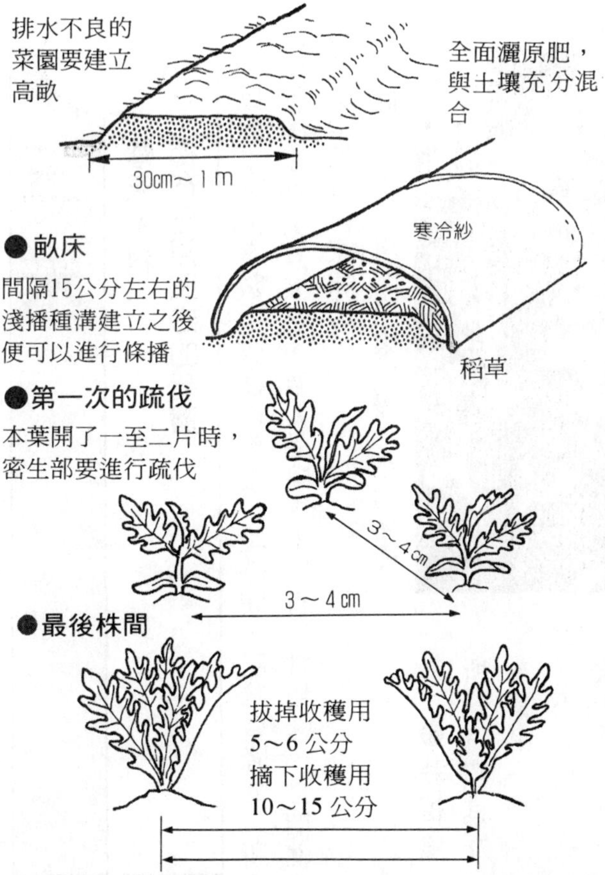
排水不良的
菜園要建立
高畝
全面灑原肥，
與土壤充分混
合
30cm～1 m
●畝床
間隔15公分左右的
淺播種溝建立之後
便可以進行條播
寒冷紗
稻草
●第一次的疏伐
本葉開了一至二片時，
密生部要進行疏伐
3～4cm
3～4cm
●最後株間
拔掉收穫用
5～6 公分
摘下收穫用
10～15 公分

次液肥。

持續疏伐工作，最後株間成為十至十五公分。

●防寒　很耐寒，但是不能經霜，所以可利用塑膠布或屋頂式的覆蓋物防霜防寒。

●病蟲害　會發生芽蟲，其他的就不用擔心了。

●收穫　配合生長的程度，陸續採摘新芽作利用，這樣就能發生很多側枝。在春天以前均可以長時間利用。

Q　花壇的栽培方法？

冬天的花壇缺乏栽植材料，的確很辛苦。除了羽衣甘藍以外，幾乎都無法利用。進入十一月，挖出一串紅等植物時，可再種植鬱金香等植物的同時也種茼蒿，美麗的綠意在冬天的庭院中是很難見到的，同時又可保護重要的球根，以免被乾燥的寒風吹拂。春天吃完茼蒿時，球根草芽就會冒出來了。

玉米

●禾本科

種在日照良好的牆邊

以甜玉米占多數，收穫後經過一段時間，甜味會降低，所以採收後要立刻煮來吃。若要品嚐玉米原有的甘甜味，恐怕就得在家中進行自家栽培了。

此外，也有專門用來作爆米花的品種。

●栽植場所 日照良好為其第一條件，不必刻意挑選土質，但是乾燥的場所無法使其充分成長。此外，很喜歡肥料，在貧瘠地給予大量堆肥，提高保肥力是非常重要的。栽植場所除了堆肥以外，每一平方公尺要灑二把化學合成肥料作為原肥，或是灑三十公克左右的過磷酸石灰。

●播種 地溫上升的四月中旬至五月中旬可以播種。田壟寬六十至七十公分，各株間保持三十公分的距離，一次播種四至五顆，覆上三公分左右的厚土。為了防止乾燥，還可以罩上塑膠網。

●疏伐與鋤土 覆蓋物要開五至六公分的洞，發芽後在五至七天內留下二株，其他則進行疏伐、施肥。本葉開了四至五片時，一處留下一株，其他的拔掉。這時，植物的根部要鋤土，然後配合生長的程度進行一至二次鋤土，便可防止植物倒下。

●施肥　發芽後一個月要在田壟間灑一次化學合成肥料。

●播種

低溫期不會發芽，所以要在四月底至五月底時播種

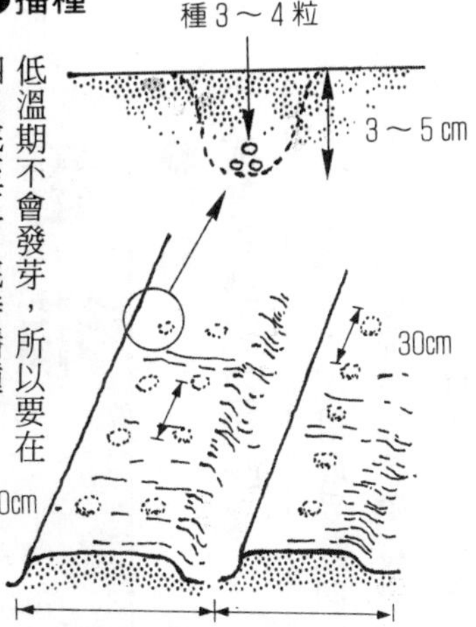

1m（植二條）75 公分（植一條）

●疏伐、鋤土

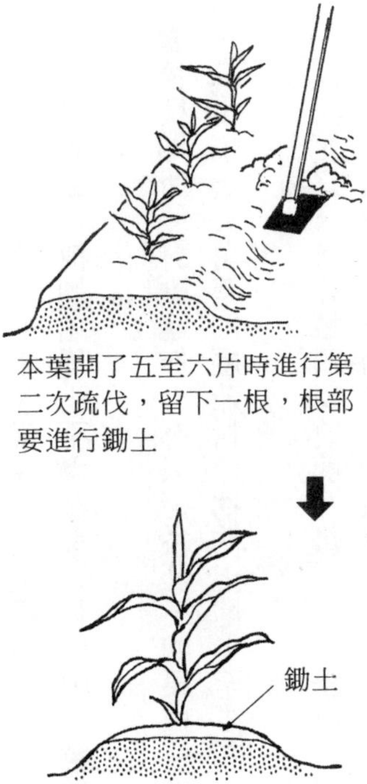

本葉開了五至六片時進行第二次疏伐，留下一根，根部要進行鋤土

●摘穗

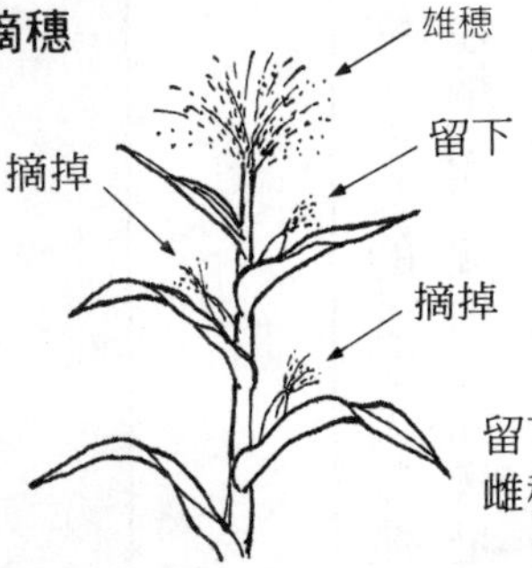

留下最上方的大雌穗，其他的摘掉

●病蟲害　在長苗時，會遭到甘藍葉蛾啃蝕，必須留意。

●收穫　等到穗間的鬚全都變成茶色時，就是收穫期了。如果收成太遲，顆粒皮會變硬，必須注意。若是爆米花專用種，要等到完全成熟以後再收成。

Q　穗很大，但是顆粒不大……

先前敘述過，須在受粉後到變成茶色的過程非常重要。但是初次種植者很難分辨這一點。這時可由側面將果皮略微打開，以了解果粒生長的情形。

番茄

●茄科

成熟果具有甘甜味

在家庭菜園中，這是最受歡迎的作物。市售的番茄因為運輸的關係，會採收完熟前的果實，等待運輸期間成熟。同樣是成熟的果實，但是與樹上完熟的番茄相比，味道真有天壤之別。所以一定要品嚐真正的番茄風味。大果種瑞光、米壽、強力東光等，是容易種植的品種，不過在家庭栽培中，較適合栽種小番茄。

●種植場所　討厭連作。不只是番茄，如果種植過茄子、青椒、辣椒、馬鈴薯等同屬茄科作物的土地，至少三年內不可栽種番茄。

場所決定之後，在植苗二週前，每一平方公尺要灑二百公克左右的苦土石灰，充分鋤土。一週後，作成寬一五〇公分的田壟，同時在各田壟之間留下溝，待灑過原肥之後再重新填土，做成田壟。

●植苗　大果種要利用市售的苗比較合理。栽植時期以五月以後不虞晚霜危害的時期較好。

●摘芽與牽引　大果種只留下一條主枝，腋芽全部摘掉。腋芽當成插芽，用來植苗。

其次，要插高一五〇公分左右的支柱以牽引主枝。如果拉得太緊，莖過於粗大，會變成扭曲，因此秘訣是要鬆鬆地結成8字形。

●覆蓋　田壟上方可蓋稻草，或是事先用黑色塑膠布覆蓋以防止乾燥。但是，若還是乾燥，則田壟之間要充分澆水。

●施肥　第一果房的第一果肥大以後，要給予化學合成肥料的追肥（高度化學合成肥料每一株灑十公克），其後每個月灑一次追肥。

●摘蕊　花房附著五段左右，留下上方三節，摘掉新芽使果實充實。

●病蟲害　要預防各種斑點病，每個月要灑一到二次狄森等，害蟲方面要注意蚜蟲害及根瘤線蟲的危害。

●摘芽

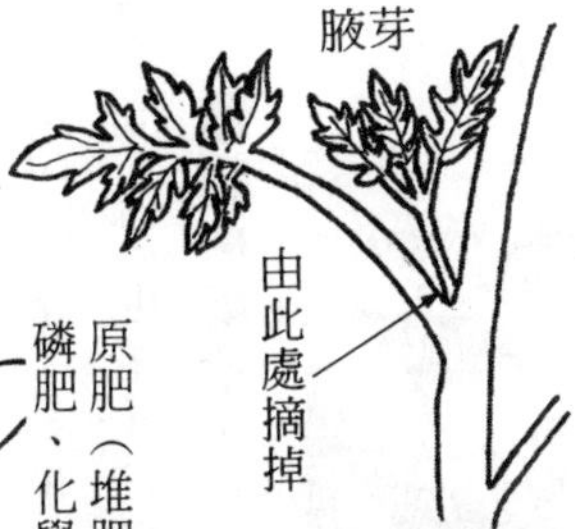

腋芽長到七至八公分長時，用手指拉到側面摘掉把從葉的根部伸出的腋芽全摘掉，使一條主枝伸展

田壟寬 150 公分，要挖溝

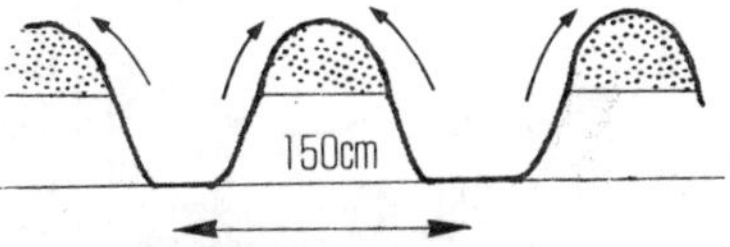

株間保持 50 公分的距離

原肥（堆肥、有機質肥料、磷肥、化學合成肥料等）

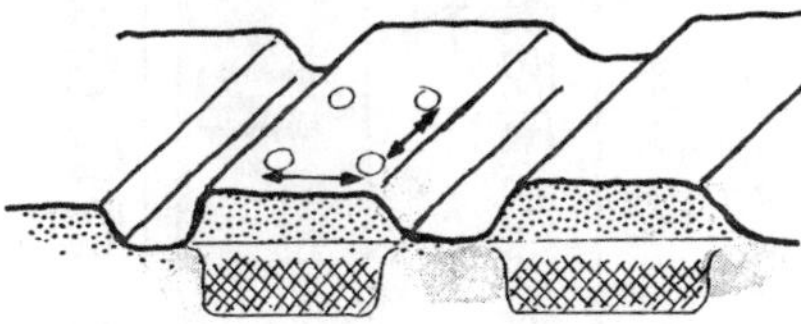

灑原肥之後再重新製作田壟

支柱插入苗的外側

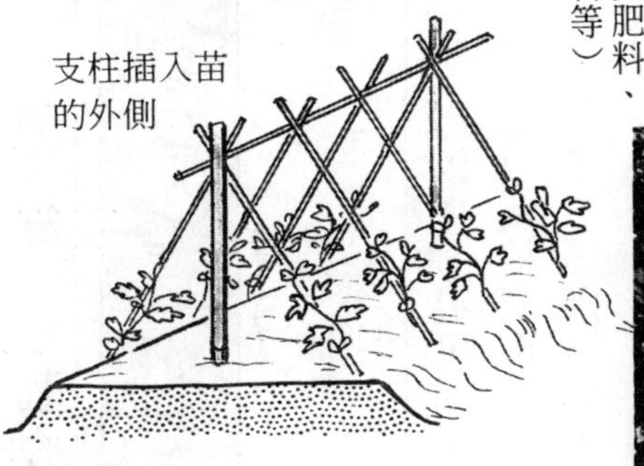

●摘蕊的方法

如果在八月中收穫結束，於七月上旬至中旬要進行主枝摘蕊。摘蕊的方法是留下預定最後收穫的花房上方的二至三片葉子，將其前端摘掉

在打算收成的花房上方的花房下進行摘蕊，留下三片葉子。

Q　想利用容器培養小番茄……

在四月下旬至五月下旬時播種，在本葉開了四至五片時進行定植。在七至八號的深盆中栽植一株，若是標準型的花盆則栽植二株。小番茄開始著花之前，要摘掉腋芽，然後就可以放任不管，隨它成長。

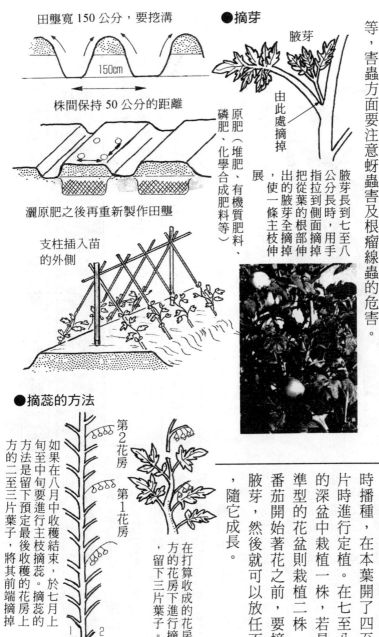

茄子

●茄科
可陸續收穫用途廣泛

夏日的代表性蔬菜，可以煮、可以炸，或可用來醃漬，有各種不同的用途。能夠陸續收成，如果栽植五至六株，則全家人都可以分享。有蛋形、細長形，像米茄等圓形茄子，品種各有不同。當地生產性較高的苗較容易栽植。

●栽植場所　日照良好，且近三年未種植過茄科植物的場所。在植苗的二週前，全部要灑苦土石灰，充分鋤土一週後，各株之間相距四十五公分，決定好種植位置，挖直徑和深度各為三十公分的洞穴，灑入堆肥、雞糞、化學合成肥料等原肥再填土。

●植苗　市售苗在四月就會上市，但是太早植苗，因為低溫的緣故，無法充分成長。等到地溫充分升高的五月中旬再開始植苗。栽植在準備好的栽植洞中，加入臨時支柱，使苗存活。

●整形法　第一朵花開了以後，留下其下方的二條側枝，再下方的側枝全去除，同時從三邊豎立支柱，從側邊支撐支幹。

●施肥 因為會陸續開花結果，所以要注意不可缺少肥料。每個月一至二次，在植物的周圍灑一把化學合成肥料，根部則要鋤土。

●覆蓋 不耐夏天的乾燥，因此儘可能用稻草（枯草也可以）覆蓋，如果乾燥，株間要充分澆水。

●栽植

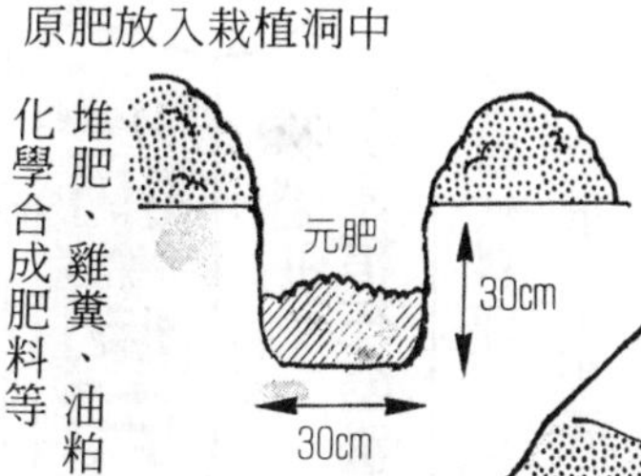

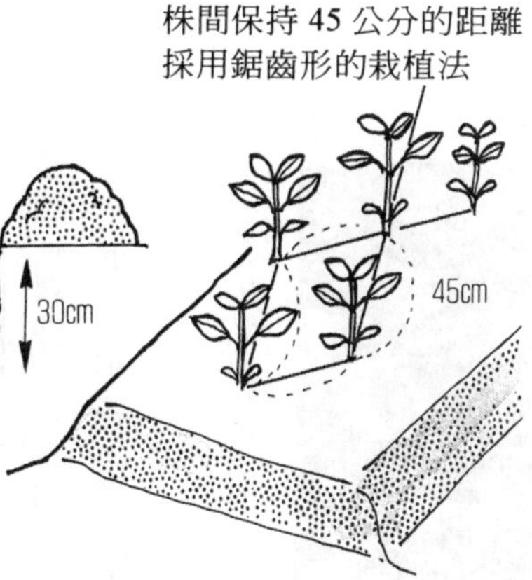

●整形法

最早的花開放以後，留下其下方的二根樹枝，其他的樹枝全部剪掉

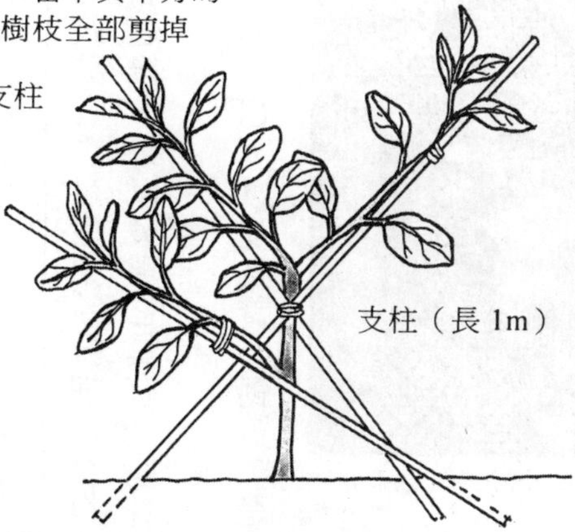

●病蟲害 莖葉出現環紋的褐斑病時，要灑狄森加以預防。害蟲方面要注意葉蟎、蚜蟲、異色瓢蟲等。

●收穫 果實長大後，如果太大對樹勢會造成不良的影響，因此要趕緊採摘，尤其是第一果，在小的時候就要採收。

Q 入夏以後整個植物的樹勢衰退…

八月因為暑熱，使得整株植物疲累。八月上旬至中旬，各枝都要剪短，給予具有速效性的肥料，使整株植物休息。至了八月下至九月上旬時，又可以在新枝上結成秋茄。

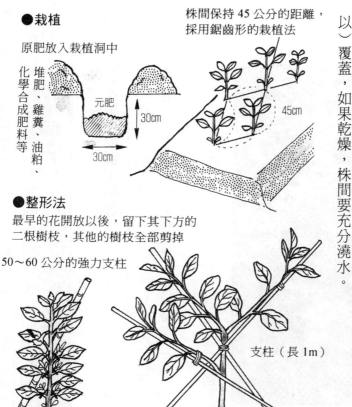

荷蘭芹

●繖形科

可種植在窗邊或陽台

這是西式料理中常常附帶的蔬菜，也是生菜沙拉裡的材料之一，但是很少人去吃它。咀嚼之後，可以發現它具有一些甘甜味，十分清爽。

含有豐富的維他命A、B_1、B_2、C，以及鐵質、鈣質，是營養的蔬菜，一定要吃。

●栽植場所　性喜陽光充足，富於有機質的土壤。高為三十公分左右，因此可作為花壇邊緣的裝飾。因為不是一次可大量消耗的蔬菜，所以利用花盆或大盆來栽植，放在身邊就可以利用。

●栽植　可購買市售的苗，利用種子也可以栽植。

播種時期為四至五月及九月。不嗜夏天的暑熱，在暖地以在秋天播種較好，一次可播種五至六顆，覆蓋五公釐厚的土。本葉開到三至四片時，一處留下二至三株進行疏伐。

●施肥與過冬　生長期間內，一週一次灑一千倍液肥，每隔三十至四十天，要在植物周圍灑具有緩效性的化學合成肥料一次。

●收獲

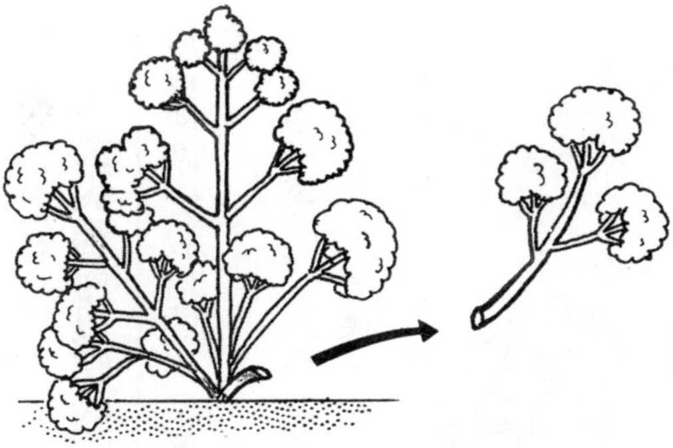

採摘下方的葉子來利用

●盆栽

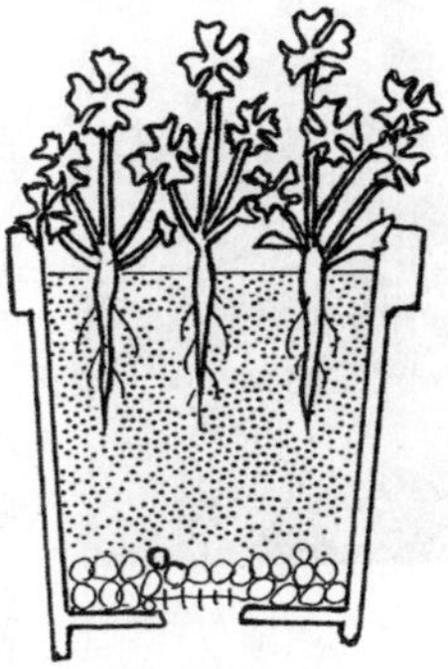

為直根性，所以使用深盆較好

本葉為四片時，在七號盆中栽植三株

比較耐寒，如果不經霜可以過冬。荷蘭芹為二年生草，到了第二年時植物容易枯萎，所以秋天播種的植物到了冬天要進行溫暖管理，要放置在不會經霜的走廊。

Q 縮葉種子卻長出了平葉苗……

荷蘭芹有平葉種和縮葉種，一般人喜歡種植縮葉種，但是從縮葉種採摘的種子播種之後，也可能會恢復原先的平葉姿態。

味道和營養都沒有差別，如果真的想栽植縮葉品種，一定要購買新的種子來栽培。

冬蔥

●百合科
連葉尖都可以吃的小型蔥

自古即廣受栽培的小型蔥，因為能夠充分分根，所以也稱為「分蔥」。

比普通蔥更細，為小型蔥。特徵是不會倒立，葉子柔軟，連葉尖都可以吃。耐寒，到了春天還可繼續繁殖，在冬天被視為重寶。沒有種子，所以必須採用分根的方式繁殖。

●**栽植場所** 日照良好，土壤含豐富有機質的場所。此外，利用小型花盆等，也可以進行容器栽培。

●**栽植** 冬蔥夏天休眠，在八月時，市面上會販賣休眠中的種球，購入以後於八月下旬至九月上旬栽植，九月以後會開始慢慢發芽，所以栽植時期不要太晚。

栽植時，田壟間作成六十公分的低壟，上方各栽植一、二球，各株間相距十五公分。但是若在排水良好的地方，不必特別建立田壟。

栽植方法的重點是不要深植，採用淺植法讓重球頭露出地表。

●**施肥**　天氣漸漸變涼以後，就能充分成長。進入十月以後，植物根部要使用草木灰和化學合成肥料略加鋤土，就能夠充分成長。

●**病蟲害**　沒有特別的病蟲害。

●冬蔥的種球（8 月購買栽植）

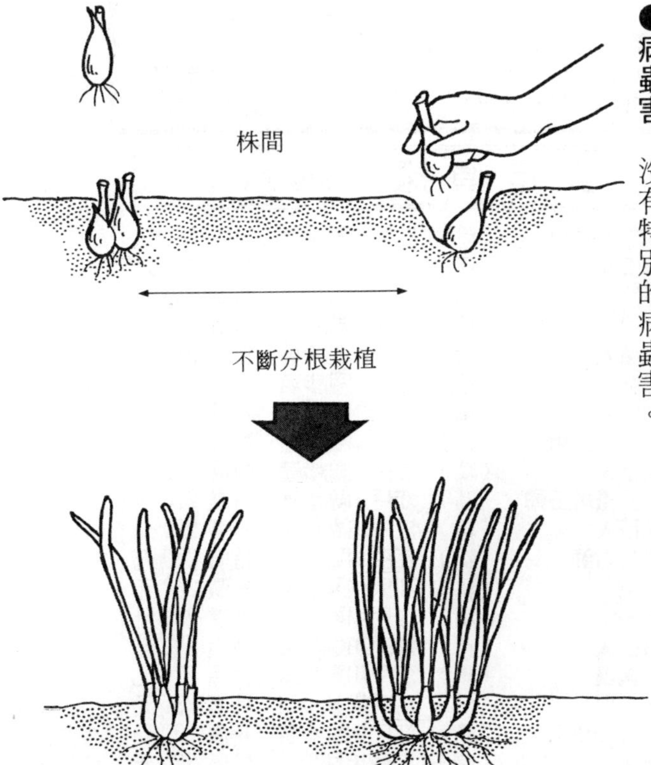

●**收穫**　十一月以後，就可以採收必要量。一次不要整株拔起，最好以手指伸入土中，一面分根，一面採收。

Q　五月下旬時，植物發黃、枯萎

冬蔥不喜夏天的暑熱，與秋植球根相同，夏天地上部枯萎，具有休眠性質。五月末時葉子變黃為自然現象，不必擔心。

地上部枯萎後就挖出球根，放在通風良好的陰涼處乾燥貯存，入八月下旬以後，再重新栽植於土壤中。

大展出版社有限公司 品冠文化出版社	圖書目錄

地址：台北市北投區(石牌)
致遠一路二段 12 巷 1 號
郵撥：01669551＜大展＞
19346241＜品冠＞
電話：(02) 28236031
28236033
28233123
傳真：(02) 28272069

·少年偵探·品冠編號 66

1. 怪盜二十面相 （精） 江戶川亂步著 特價 189 元
2. 少年偵探團 （精） 江戶川亂步著 特價 189 元
3. 妖怪博士 （精） 江戶川亂步著 特價 189 元
4. 大金塊 （精） 江戶川亂步著 特價 230 元
5. 青銅魔人 （精） 江戶川亂步著 特價 230 元
6. 地底魔術王 （精） 江戶川亂步著 特價 230 元
7. 透明怪人 （精） 江戶川亂步著 特價 230 元
8. 怪人四十面相 （精） 江戶川亂步著 特價 230 元
9. 宇宙怪人 （精） 江戶川亂步著 特價 230 元
10. 恐怖的鐵塔王國 （精） 江戶川亂步著 特價 230 元
11. 灰色巨人 （精） 江戶川亂步著 特價 230 元
12. 海底魔術師 （精） 江戶川亂步著 特價 230 元
13. 黃金豹 （精） 江戶川亂步著 特價 230 元
14. 魔法博士 （精） 江戶川亂步著 特價 230 元
15. 馬戲怪人 （精） 江戶川亂步著 特價 230 元
16. 魔人銅鑼 （精） 江戶川亂步著 特價 230 元
17. 魔法人偶 （精） 江戶川亂步著 特價 230 元
18. 奇面城的秘密 （精） 江戶川亂步著 特價 230 元
19. 夜光人 （精） 江戶川亂步著 特價 230 元
20. 塔上的魔術師 （精） 江戶川亂步著 特價 230 元
21. 鐵人Q （精） 江戶川亂步著 特價 230 元
22. 假面恐怖王 （精） 江戶川亂步著 特價 230 元
23. 電人M （精） 江戶川亂步著 特價 230 元
24. 二十面相的詛咒 （精） 江戶川亂步著 特價 230 元
25. 飛天二十面相 （精） 江戶川亂步著 特價 230 元
26. 黃金怪獸 （精） 江戶川亂步著 特價 230 元

·生活廣場·品冠編號 61

1. 366 天誕生星 李芳黛譯 280 元
2. 366 天誕生花與誕生石 李芳黛譯 280 元
3. 科學命相 淺野八郎著 220 元

4. 已知的他界科學　陳蒼杰譯　220 元
5. 開拓未來的他界科學　陳蒼杰譯　220 元
6. 世紀末變態心理犯罪檔案　沈永嘉譯　240 元
7. 366 天開運年鑑　林廷宇編著　230 元
8. 色彩學與你　野村順一著　230 元
9. 科學手相　淺野八郎著　230 元
10. 你也能成為戀愛高手　柯富陽編著　220 元
11. 血型與十二星座　許淑瑛編著　230 元
12. 動物測驗—人性現形　淺野八郎著　200 元
13. 愛情、幸福完全自測　淺野八郎著　200 元
14. 輕鬆攻佔女性　趙奕世編著　230 元
15. 解讀命運密碼　郭宗德著　200 元
16. 由客家了解亞洲　高木桂藏著　220 元

・女醫師系列・品冠編號 62

1. 子宮內膜症　國府田清子著　200 元
2. 子宮肌瘤　黑島淳子著　200 元
3. 上班女性的壓力症候群　池下育子著　200 元
4. 漏尿、尿失禁　中田真木著　200 元
5. 高齡生產　大鷹美子著　200 元
6. 子宮癌　上坊敏子著　200 元
7. 避孕　早乙女智子著　200 元
8. 不孕症　中村春根著　200 元
9. 生理痛與生理不順　堀口雅子著　200 元
10. 更年期　野末悅子著　200 元

・傳統民俗療法・品冠編號 63

1. 神奇刀療法　潘文雄著　200 元
2. 神奇拍打療法　安在峰著　200 元
3. 神奇拔罐療法　安在峰著　200 元
4. 神奇艾灸療法　安在峰著　200 元
5. 神奇貼敷療法　安在峰著　200 元
6. 神奇薰洗療法　安在峰著　200 元
7. 神奇耳穴療法　安在峰著　200 元
8. 神奇指針療法　安在峰著　200 元
9. 神奇藥酒療法　安在峰著　200 元
10. 神奇藥茶療法　安在峰著　200 元
11. 神奇推拿療法　張貴荷著　200 元
12. 神奇止痛療法　漆 浩 著　200 元

・常見病藥膳調養叢書・品冠編號 631

1. 脂肪肝四季飲食 蕭守貴著 200元
2. 高血壓四季飲食 秦玖剛著 200元
3. 慢性腎炎四季飲食 魏從強著 200元
4. 高脂血症四季飲食 薛輝著 200元
5. 慢性胃炎四季飲食 馬秉祥著 200元
6. 糖尿病四季飲食 王耀獻著 200元
7. 癌症四季飲食 李忠著 200元

·彩色圖解保健· 品冠編號 64

1. 瘦身 主婦之友社 300元
2. 腰痛 主婦之友社 300元
3. 肩膀痠痛 主婦之友社 300元
4. 腰、膝、腳的疼痛 主婦之友社 300元
5. 壓力、精神疲勞 主婦之友社 300元
6. 眼睛疲勞、視力減退 主婦之友社 300元

·心 想 事 成· 品冠編號 65

1. 魔法愛情點心 結城莫拉著 120元
2. 可愛手工飾品 結城莫拉著 120元
3. 可愛打扮 & 髮型 結城莫拉著 120元
4. 撲克牌算命 結城莫拉著 120元

·熱 門 新 知· 品冠編號 67

1. 圖解基因與DNA （精） 中原英臣 主編 230元
2. 圖解人體的神奇 （精） 米山公啟 主編 230元
3. 圖解腦與心的構造 （精） 永田和哉 主編 230元
4. 圖解科學的神奇 （精） 鳥海光弘 主編 230元
5. 圖解數學的神奇 （精） 柳 谷 晃 著 250元
6. 圖解基因操作 （精） 海老原充 主編 230元
7. 圖解後基因組 （精） 才園哲人 著 230元

·法律專欄連載· 大展編號 58

台大法學院 法律學系／策劃
法律服務社／編著

1. 別讓您的權利睡著了(1) 200元
2. 別讓您的權利睡著了(2) 200元

·武 術 特 輯· 大展編號 10

1. 陳式太極拳入門 馮志強編著 180元

2.	武式太極拳	郝少如編著	200 元
3.	練功十八法入門	蕭京凌編著	120 元
4.	教門長拳	蕭京凌編著	150 元
5.	跆拳道	蕭京凌編譯	180 元
6.	正傳合氣道	程曉鈴譯	200 元
~~7.~~	~~圖解雙節棍~~	~~陳銘遠著~~	~~150 元~~
8.	格鬥空手道	鄭旭旭編著	200 元
9.	實用跆拳道	陳國榮編著	200 元
10.	武術初學指南	李文英、解守德編著	250 元
11.	泰國拳	陳國榮著	180 元
12.	中國式摔跤	黃　斌編著	180 元
13.	太極劍入門	李德印編著	180 元
14.	太極拳運動	運動司編	250 元
15.	太極拳譜	清・王宗岳等著	280 元
16.	散手初學	冷　峰編著	200 元
17.	南拳	朱瑞琪編著	180 元
18.	吳式太極劍	王培生著	200 元
19.	太極拳健身與技擊	王培生著	250 元
20.	秘傳武當八卦掌	狄兆龍著	250 元
21.	太極拳論譚	沈　壽著	250 元
22.	陳式太極拳技擊法	馬　虹著	250 元
23.	二十四式/三十二式太極拳/劍	闞桂香著	180 元
24.	楊式秘傳 129 式太極長拳	張楚全著	280 元
25.	楊式太極拳架詳解	林炳堯著	280 元
26.	華佗五禽劍	劉時榮著	180 元
27.	太極拳基礎講座：基本功與簡化 24 式	李德印著	250 元
28.	武式太極拳精華	薛乃印著	200 元
29.	陳式太極拳拳理闡微	馬　虹著	350 元
30.	陳式太極拳體用全書	馬　虹著	400 元
31.	張三豐太極拳	陳占奎著	200 元
32.	中國太極推手	張　山主編	300 元
33.	48 式太極拳入門	門惠豐編著	220 元
34.	太極拳奇人奇功	嚴翰秀編著	250 元
35.	心意門秘籍	李新民編著	220 元
36.	三才門乾坤戊己功	王培生編著	220 元
37.	武式太極劍精華 +VCD	薛乃印編著	350 元
38.	楊式太極拳	傅鐘文演述	200 元
39.	陳式太極拳、劍 36 式	闞桂香編著	250 元
40.	正宗武式太極拳	薛乃印著	220 元
41.	杜元化＜太極拳正宗＞考析	王海洲等著	300 元
42.	＜珍貴版＞陳式太極拳	沈家楨著	280 元
43.	24 式太極拳＋VCD	中國國家體育總局著	350 元
44.	太極推手絕技	安在峰編著	250 元
45.	孫祿堂武學錄	孫祿堂著	300 元

46.	<珍貴本>陳式太極拳精選	馮志強著	280元
47.	武當趙保太極拳小架	鄭悟清傳授	250元
48.	太極拳習練知識問答	邱丕相主編	220元
49.	八法拳 八法槍	武世俊著	220元
50.	地趟拳+VCD	張憲政著	350元
51.	四十八式太極拳+VCD	楊 靜演示	400元
52.	三十二式太極劍+VCD	楊 靜演示	350元
53.	隨曲就伸 中國太極拳名家對話錄	余功保著	300元
54.	陳式太極拳五動八法十三勢	闞桂香著	200元

・彩色圖解太極武術・大展編號 102

1.	太極功夫扇	李德印編著	220元
2.	武當太極劍	李德印編著	220元
3.	楊式太極劍	李德印編著	220元
4.	楊式太極刀	王志遠著	220元
5.	二十四式太極拳(楊式)+VCD	李德印編著	350元
6.	三十二式太極劍(楊式)+VCD	李德印編著	350元
7.	四十二式太極劍+VCD	李德印編著	
8.	四十二式太極拳+VCD	李德印編著	

・國際武術競賽套路・大展編號 103

1.	長拳	李巧玲執筆	220元
2.	劍術	程慧琨執筆	220元
3.	刀術	劉同為執筆	220元
4.	槍術	張躍寧執筆	220元
5.	棍術	殷玉柱執筆	220元

・簡化太極拳・大展編號 104

1.	陳式太極拳十三式	陳正雷編著	200元
2.	楊式太極拳十三式	楊振鐸編著	200元
3.	吳式太極拳十三式	李秉慈編著	200元
4.	武式太極拳十三式	喬松茂編著	200元
5.	孫式太極拳十三式	孫劍雲編著	200元
6.	趙堡式太極拳十三式	王海洲編著	200元

・中國當代太極拳名家名著・大展編號 106

1.	太極拳規範教程	李德印著	550元
2.	吳式太極拳詮真	王培生著	500元
3.	武式太極拳詮真	喬松茂著	

6. 少林金剛硬氣功　楊維編著　250元
7. 少林棍法大全　德虔、素法編著　250元
8. 少林看家拳　德虔、素法編著　250元
9. 少林正宗七十二藝　德虔、素法編著　280元
10. 少林瘋魔棍闡宗　馬德著　250元

・原地太極拳系列・大展編號 11

1. 原地綜合太極拳 24 式　胡啟賢創編　220元
2. 原地活步太極拳 42 式　胡啟賢創編　200元
3. 原地簡化太極拳 24 式　胡啟賢創編　200元
4. 原地太極拳 12 式　胡啟賢創編　200元
5. 原地青少年太極拳 22 式　胡啟賢創編　220元

・道學文化・大展編號 12

1. 道在養生：道教長壽術　郝勤等著　250元
2. 龍虎丹道：道教內丹術　郝勤著　300元
3. 天上人間：道教神仙譜系　黃德海著　250元
4. 步罡踏斗：道教祭禮儀典　張澤洪著　250元
5. 道醫窺秘：道教醫學康復術　王慶餘等著　250元
6. 勸善成仙：道教生命倫理　李剛著　250元
7. 洞天福地：道教宮觀勝境　沙銘壽著　250元
8. 青詞碧簫：道教文學藝術　楊光文等著　250元
9. 沈博絕麗：道教格言精粹　朱耕發等著　250元

・易學智慧・大展編號 122

1. 易學與管理　余敦康主編　250元
2. 易學與養生　劉長林等著　300元
3. 易學與美學　劉綱紀等著　300元
4. 易學與科技　董光壁著　280元
5. 易學與建築　韓增祿著　280元
6. 易學源流　鄭萬耕著　280元
7. 易學的思維　傅雲龍等著　250元
8. 周易與易圖　李申著　250元
9. 中國佛教與周易　王仲堯著　350元
10. 易學與儒學　任俊華著　350元
11. 易學與道教符號揭秘　詹石窗著　350元

・神算大師・大展編號 123

1. 劉伯溫神算兵法　應涵編著　280元
2. 姜太公神算兵法　應涵編著　280元

3.	鬼谷子神算兵法	應涵編著	280 元
4.	諸葛亮神算兵法	應涵編著	280 元

・秘傳占卜系列・大展編號 14

1.	手相術	淺野八郎著	180 元
2.	人相術	淺野八郎著	180 元
3.	西洋占星術	淺野八郎著	180 元
4.	中國神奇占卜	淺野八郎著	150 元
5.	夢判斷	淺野八郎著	150 元
6.	前世、來世占卜	淺野八郎著	150 元
7.	法國式血型學	淺野八郎著	150 元
8.	靈感、符咒學	淺野八郎著	150 元
9.	紙牌占卜術	淺野八郎著	150 元
10.	ESP 超能力占卜	淺野八郎著	150 元
11.	猶太數的秘術	淺野八郎著	150 元
12.	新心理測驗	淺野八郎著	160 元
13.	塔羅牌預言秘法	淺野八郎著	200 元

・趣味心理講座・大展編號 15

1.	性格測驗（1） 探索男與女	淺野八郎著	140 元
2.	性格測驗（2） 透視人心奧秘	淺野八郎著	140 元
3.	性格測驗（3） 發現陌生的自己	淺野八郎著	140 元
4.	性格測驗（4） 發現你的真面目	淺野八郎著	140 元
5.	性格測驗（5） 讓你們吃驚	淺野八郎著	140 元
6.	性格測驗（6） 洞穿心理盲點	淺野八郎著	140 元
7.	性格測驗（7） 探索對方心理	淺野八郎著	140 元
8.	性格測驗（8） 由吃認識自己	淺野八郎著	160 元
9.	性格測驗（9） 戀愛知多少	淺野八郎著	160 元
10.	性格測驗（10）由裝扮瞭解人心	淺野八郎著	160 元
11.	性格測驗（11）敲開內心玄機	淺野八郎著	140 元
12.	性格測驗（12）透視你的未來	淺野八郎著	160 元
13.	血型與你的一生	淺野八郎著	160 元
14.	趣味推理遊戲	淺野八郎著	160 元
15.	行為語言解析	淺野八郎著	160 元

・婦 幼 天 地・大展編號 16

1.	八萬人減肥成果	黃靜香譯	180 元
2.	三分鐘減肥體操	楊鴻儒譯	150 元
3.	窈窕淑女美髮秘訣	柯素娥譯	130 元
4.	使妳更迷人	成　玉譯	130 元
5.	女性的更年期	官舒妍編譯	160 元

6. 胎內育兒法　李玉瓊編譯　150 元
7. 早產兒袋鼠式護理　唐岱蘭譯　200 元
9. 初次育兒 12 個月　婦幼天地編譯組　180 元
10. 斷乳食與幼兒食　婦幼天地編譯組　180 元
11. 培養幼兒能力與性向　婦幼天地編譯組　180 元
12. 培養幼兒創造力的玩具與遊戲　婦幼天地編譯組　180 元
13. 幼兒的症狀與疾病　婦幼天地編譯組　180 元
14. 腿部苗條健美法　婦幼天地編譯組　180 元
15. 女性腰痛別忽視　婦幼天地編譯組　150 元
16. 舒展身心體操術　李玉瓊編譯　130 元
17. 三分鐘臉部體操　趙薇妮著　160 元
18. 生動的笑容表情術　趙薇妮著　160 元
19. 心曠神怡減肥法　川津祐介著　130 元
20. 內衣使妳更美麗　陳玄茹譯　130 元
21. 瑜伽美姿美容　黃靜香編著　180 元
22. 高雅女性裝扮學　陳珮玲譯　180 元
23. 蠶糞肌膚美顏法　梨秀子著　160 元
24. 認識妳的身體　李玉瓊譯　160 元
25. 產後恢復苗條體態　居理安・芙萊喬著　200 元
26. 正確護髮美容法　山崎伊久江著　180 元
27. 安琪拉美姿養生學　安琪拉蘭斯博瑞著　180 元
28. 女體性醫學剖析　增田豐著　220 元
29. 懷孕與生產剖析　岡部綾子著　180 元
30. 斷奶後的健康育兒　東城百合子著　220 元
31. 引出孩子幹勁的責罵藝術　多湖輝著　170 元
32. 培養孩子獨立的藝術　多湖輝著　170 元
33. 子宮肌瘤與卵巢囊腫　陳秀琳編著　180 元
34. 下半身減肥法　納他夏・史達賓著　180 元
35. 女性自然美容法　吳雅菁編著　180 元
36. 再也不發胖　池園悅太郎著　170 元
37. 生男生女控制術　中垣勝裕著　220 元
38. 使妳的肌膚更亮麗　楊　皓編著　170 元
39. 臉部輪廓變美　芝崎義夫著　180 元
40. 斑點、皺紋自己治療　高須克彌著　180 元
41. 面皰自己治療　伊藤雄康著　180 元
42. 隨心所欲瘦身冥想法　原久子著　180 元
43. 胎兒革命　鈴木丈織著　180 元
44. NS 磁氣平衡法塑造窈窕奇蹟　古屋和江著　180 元
45. 享瘦從腳開始　山田陽子著　180 元
46. 小改變瘦 4 公斤　宮本裕子著　180 元
47. 軟管減肥瘦身　高橋輝男著　180 元
48. 海藻精神秘美容法　劉名揚編著　180 元
49. 肌膚保養與脫毛　鈴木真理著　180 元
50. 10 天減肥 3 公斤　彤雲編輯組　180 元

51. 穿出自己的品味　西村玲子著　280 元
52. 小孩髮型設計　李芳黛譯　250 元

・青 春 天 地・大展編號 17

1. A 血型與星座	柯素娥編譯	160 元
2. B 血型與星座	柯素娥編譯	160 元
3. 0 血型與星座	柯素娥編譯	160 元
4. AB 血型與星座	柯素娥編譯	120 元
5. 青春期性教室	呂貴嵐編譯	130 元
9. 小論文寫作秘訣	林顯茂編譯	120 元
11. 中學生野外遊戲	熊谷康編著	120 元
12. 恐怖極短篇	柯素娥編譯	130 元
13. 恐怖夜話	小毛驢編譯	130 元
14. 恐怖幽默短篇	小毛驢編譯	120 元
15. 黑色幽默短篇	小毛驢編譯	120 元
16. 靈異怪談	小毛驢編譯	130 元
17. 錯覺遊戲	小毛驢編著	130 元
18. 整人遊戲	小毛驢編著	150 元
19. 有趣的超常識	柯素娥編譯	130 元
20. 哦！原來如此	林慶旺編譯	130 元
21. 趣味競賽 100 種	劉名揚編譯	120 元
22. 數學謎題入門	宋釗宜編譯	150 元
23. 數學謎題解析	宋釗宜編譯	150 元
24. 透視男女心理	林慶旺編譯	120 元
25. 少女情懷的自白	李桂蘭編譯	120 元
26. 由兄弟姊妹看命運	李玉瓊編譯	130 元
27. 趣味的科學魔術	林慶旺編譯	150 元
28. 趣味的心理實驗室	李燕玲編譯	150 元
29. 愛與性心理測驗	小毛驢編譯	130 元
30. 刑案推理解謎	小毛驢編譯	180 元
31. 偵探常識推理	小毛驢編譯	180 元
32. 偵探常識解謎	小毛驢編譯	130 元
33. 偵探推理遊戲	小毛驢編譯	180 元
34. 趣味的超魔術	廖玉山編著	150 元
35. 趣味的珍奇發明	柯素娥編著	150 元
36. 登山用具與技巧	陳瑞菊編著	150 元
37. 性的漫談	蘇燕謀編著	180 元
38. 無的漫談	蘇燕謀編著	180 元
39. 黑色漫談	蘇燕謀編著	180 元
40. 白色漫談	蘇燕謀編著	180 元

・健 康 天 地・大展編號 18

1.	壓力的預防與治療	柯素娥編譯	130 元
2.	超科學氣的魔力	柯素娥編譯	130 元
3.	尿療法治病的神奇	中尾良一著	130 元
4.	鐵證如山的尿療法奇蹟	廖玉山譯	120 元
5.	一日斷食健康法	葉慈容編譯	150 元
6.	胃部強健法	陳炳崑譯	120 元
7.	癌症早期檢查法	廖松濤譯	160 元
8.	老人痴呆症防止法	柯素娥編譯	170 元
9.	松葉汁健康飲料	陳麗芬編譯	150 元
10.	揉肚臍健康法	永井秋夫著	150 元
11.	過勞死、猝死的預防	卓秀貞編譯	130 元
12.	高血壓治療與飲食	藤山順豐著	180 元
13.	老人看護指南	柯素娥編譯	150 元
14.	美容外科淺談	楊啟宏著	150 元
15.	美容外科新境界	楊啟宏著	150 元
16.	鹽是天然的醫生	西英司郎著	140 元
17.	年輕十歲不是夢	梁瑞麟譯	200 元
18.	茶料理治百病	桑野和民著	180 元
20.	杜仲茶養顏減肥法	西田博著	170 元
21.	蜂膠驚人療效	瀨長良三郎著	180 元
22.	蜂膠治百病	瀨長良三郎著	180 元
23.	醫藥與生活	鄭炳全著	180 元
24.	鈣長生寶典	落合敏著	180 元
25.	大蒜長生寶典	木下繁太郎著	160 元
26.	居家自我健康檢查	石川恭三著	160 元
27.	永恆的健康人生	李秀鈴譯	200 元
28.	大豆卵磷脂長生寶典	劉雪卿譯	150 元
29.	芳香療法	梁艾琳譯	160 元
30.	醋長生寶典	柯素娥譯	180 元
31.	從星座透視健康	席拉・吉蒂斯著	180 元
32.	愉悅自在保健學	野本二士夫著	160 元
33.	裸睡健康法	丸山淳士等著	160 元
35.	維他命長生寶典	菅原明子著	180 元
36.	維他命 C 新效果	鐘文訓編	150 元
37.	手、腳病理按摩	堤芳朗著	160 元
38.	AIDS 瞭解與預防	彼得塔歇爾著	180 元
39.	甲殼質殼聚糖健康法	沈永嘉譯	160 元
40.	神經痛預防與治療	木下真男著	160 元
41.	室內身體鍛鍊法	陳炳崑編著	160 元
42.	吃出健康藥膳	劉大器編著	180 元
43.	自我指壓術	蘇燕謀編著	160 元
44.	紅蘿蔔汁斷食療法	李玉瓊編著	150 元
45.	洗心術健康秘法	竺翠萍編譯	170 元
46.	枇杷葉健康療法	柯素娥編譯	180 元

47. 抗衰血癒	楊啟宏著	180 元
48. 與癌搏鬥記	逸見政孝著	180 元
49. 冬蟲夏草長生寶典	高橋義博著	170 元
50. 痔瘡・大腸疾病先端療法	宮島伸宜著	180 元
51. 膠布治癒頑固慢性病	加瀨建造著	180 元
52. 芝麻神奇健康法	小林貞作著	170 元
53. 香煙能防止癡呆？	高田明和著	180 元
54. 穀菜食治癌療法	佐藤成志著	180 元
55. 貼藥健康法	松原英多著	180 元
56. 克服癌症調和道呼吸法	帶津良一著	180 元
57. B 型肝炎預防與治療	野村喜重郎著	180 元
58. 青春永駐養生導引術	早島正雄著	180 元
59. 改變呼吸法創造健康	原久子著	180 元
60. 荷爾蒙平衡養生秘訣	出村博著	180 元
61. 水美肌健康法	井戶勝富著	170 元
62. 認識食物掌握健康	廖梅珠編著	170 元
63. 痛風劇痛消除法	鈴木吉彥著	180 元
64. 酸莖菌驚人療效	上田明彥著	180 元
65. 大豆卵磷脂治現代病	神津健一著	200 元
66. 時辰療法—危險時刻凌晨 4 時	呂建強等著	180 元
67. 自然治癒力提升法	帶津良一著	180 元
68. 巧妙的氣保健法	藤平墨子著	180 元
69. 治癒 C 型肝炎	熊田博光著	180 元
70. 肝臟病預防與治療	劉名揚編著	180 元
71. 腰痛平衡療法	荒井政信著	180 元
72. 根治多汗症、狐臭	稻葉益巳著	220 元
73. 40 歲以後的骨質疏鬆症	沈永嘉譯	180 元
74. 認識中藥	松下一成著	180 元
75. 認識氣的科學	佐佐木茂美著	180 元
76. 我戰勝了癌症	安田伸著	180 元
77. 斑點是身心的危險信號	中野進著	180 元
78. 艾波拉病毒大震撼	玉川重德著	180 元
79. 重新還我黑髮	桑名隆一郎著	180 元
80. 身體節律與健康	林博史著	180 元
81. 生薑治萬病	石原結實著	180 元
83. 木炭驚人的威力	大槻彰著	200 元
84. 認識活性氧	井土貴司著	180 元
85. 深海鮫治百病	廖玉山編著	180 元
86. 神奇的蜂王乳	井上丹治著	180 元
87. 卡拉 OK 健腦法	東潔著	180 元
88. 卡拉 OK 健康法	福田伴男著	180 元
89. 醫藥與生活	鄭炳全著	200 元
90. 洋蔥治百病	宮尾興平著	180 元
91. 年輕 10 歲快步健康法	石塚忠雄著	180 元

92. 石榴的驚人神效　岡本順子著　180元
93. 飲料健康法　白鳥早奈英著　180元
94. 健康棒體操　劉名揚編譯　180元
95. 催眠健康法　蕭京凌編著　180元
96. 鬱金（美王）治百病　水野修一著　180元
97. 醫藥與生活　鄭炳全著　200元

・實用女性學講座・大展編號 19

1. 解讀女性內心世界　島田一男著　150元
2. 塑造成熟的女性　島田一男著　150元
3. 女性整體裝扮學　黃靜香編著　180元
4. 女性應對禮儀　黃靜香編著　180元
5. 女性婚前必修　小野十傳著　200元
6. 徹底瞭解女人　田口二州著　180元
7. 拆穿女性謊言 88 招　島田一男著　200元
8. 解讀女人心　島田一男著　200元
9. 俘獲女性絕招　志賀貢著　200元
10. 愛情的壓力解套　中村理英子著　200元
11. 妳是人見人愛的女孩　廖松濤編著　200元

・校園系列・大展編號 20

1. 讀書集中術　多湖輝著　180元
2. 應考的訣竅　多湖輝著　150元
3. 輕鬆讀書贏得聯考　多湖輝著　180元
4. 讀書記憶秘訣　多湖輝著　180元
5. 視力恢復！超速讀術　江錦雲譯　180元
6. 讀書 36 計　黃柏松編著　180元
7. 驚人的速讀術　鐘文訓編著　170元
8. 學生課業輔導良方　多湖輝著　180元
9. 超速讀超記憶法　廖松濤編著　180元
10. 速算解題技巧　宋釗宜編著　200元
11. 看圖學英文　陳炳崑編著　200元
12. 讓孩子最喜歡數學　沈永嘉譯　180元
13. 催眠記憶術　林碧清譯　180元
14. 催眠速讀術　林碧清譯　180元
15. 數學式思考學習法　劉淑錦譯　200元
16. 考試憑要領　劉孝暉著　180元
17. 事半功倍讀書法　王毅希著　200元
18. 超金榜題名術　陳蒼杰譯　200元
19. 靈活記憶術　林耀慶編著　180元
20. 數學增強要領　江修楨編著　180元
21. 使頭腦靈活的數學　逢澤明著　200元

22. 難解數學破題　宋釗宜著　200元

・實用心理學講座・大展編號21

1. 拆穿欺騙伎倆　多湖輝著　140元
2. 創造好構想　多湖輝著　140元
3. 面對面心理術　多湖輝著　160元
4. 偽裝心理術　多湖輝著　140元
5. 透視人性弱點　多湖輝著　180元
6. 自我表現術　多湖輝著　180元
7. 不可思議的人性心理　多湖輝著　180元
8. 催眠術入門　多湖輝著　150元
9. 責罵部屬的藝術　多湖輝著　150元
10. 精神力　多湖輝著　150元
11. 厚黑說服術　多湖輝著　150元
12. 集中力　多湖輝著　150元
13. 構想力　多湖輝著　150元
14. 深層心理術　多湖輝著　160元
15. 深層語言術　多湖輝著　160元
16. 深層說服術　多湖輝著　180元
17. 掌握潛在心理　多湖輝著　160元
18. 洞悉心理陷阱　多湖輝著　180元
19. 解讀金錢心理　多湖輝著　180元
20. 拆穿語言圈套　多湖輝著　180元
21. 語言的內心玄機　多湖輝著　180元
22. 積極力　多湖輝著　180元

・超現實心靈講座・大展編號22

1. 超意識覺醒法　詹蔚芬編譯　130元
2. 護摩秘法與人生　劉名揚編譯　130元
3. 秘法！超級仙術入門　陸明譯　150元
4. 給地球人的訊息　柯素娥編著　150元
5. 密教的神通力　劉名揚編著　130元
6. 神秘奇妙的世界　平川陽一著　200元
7. 地球文明的超革命　吳秋嬌譯　200元
8. 力量石的秘密　吳秋嬌譯　180元
9. 超能力的靈異世界　馬小莉譯　200元
10. 逃離地球毀滅的命運　吳秋嬌譯　200元
11. 宇宙與地球終結之謎　南山宏著　200元
12. 驚世奇功揭秘　傅起鳳著　200元
13. 啟發身心潛力心象訓練法　栗田昌裕著　180元
14. 仙道術遁甲法　高藤聰一郎著　220元
15. 神通力的秘密　中岡俊哉著　180元

16. 仙人成仙術　高藤聰一郎著　200 元
17. 仙道符咒氣功法　高藤聰一郎著　220 元
18. 仙道風水術尋龍法　高藤聰一郎著　200 元
19. 仙道奇蹟超幻像　高藤聰一郎著　200 元
20. 仙道鍊金術房中法　高藤聰一郎著　200 元
21. 奇蹟超醫療治癒難病　深野一幸著　220 元
22. 揭開月球的神秘力量　超科學研究會　180 元
23. 西藏密教奧義　高藤聰一郎著　250 元
24. 改變你的夢術入門　高藤聰一郎著　250 元
25. 21 世紀拯救地球超技術　深野一幸著　250 元

・養　生　保　健・大展編號 23

1. 醫療養生氣功　黃孝寬著　250 元
2. 中國氣功圖譜　余功保著　250 元
3. 少林醫療氣功精粹　井玉蘭著　250 元
4. 龍形實用氣功　吳大才等著　220 元
5. 魚戲增視強身氣功　宮　嬰著　220 元
6. 嚴新氣功　前新培金著　250 元
7. 道家玄牝氣功　張　章著　200 元
8. 仙家秘傳袪病功　李遠國著　160 元
9. 少林十大健身功　秦慶豐著　180 元
10. 中國自控氣功　張明武著　250 元
11. 醫療防癌氣功　黃孝寬著　250 元
12. 醫療強身氣功　黃孝寬著　250 元
13. 醫療點穴氣功　黃孝寬著　250 元
14. 中國八卦如意功　趙維漢著　180 元
15. 正宗馬禮堂養氣功　馬禮堂著　420 元
16. 秘傳道家筋經內丹功　王慶餘著　300 元
17. 三元開慧功　辛桂林著　250 元
18. 防癌治癌新氣功　郭　林著　180 元
19. 禪定與佛家氣功修煉　劉天君著　200 元
20. 顛倒之術　梅自強著　360 元
21. 簡明氣功辭典　吳家駿編　360 元
22. 八卦三合功　張全亮著　230 元
23. 朱砂掌健身養生功　楊永著　250 元
24. 抗老功　陳九鶴著　230 元
25. 意氣按穴排濁自療法　黃啟運編著　250 元
26. 陳式太極拳養生功　陳正雷著　200 元
27. 健身祛病小功法　王培生著　200 元
28. 張式太極混元功　張春銘著　250 元
29. 中國璇密功　羅琴編著　250 元
30. 中國少林禪密功　齊飛龍著　200 元
31. 郭林新氣功　郭林新氣功研究所　400 元

32. 太極 八卦之源與健身養生	鄭志鴻等著	280 元

・社會人智囊・大展編號 24

1. 糾紛談判術	清水增三著	160 元
2. 創造關鍵術	淺野八郎著	150 元
3. 觀人術	淺野八郎著	200 元
4. 應急詭辯術	廖英迪編著	160 元
5. 天才家學習術	木原武一著	160 元
6. 貓型狗式鑑人術	淺野八郎著	180 元
7. 逆轉運掌握術	淺野八郎著	180 元
8. 人際圓融術	澀谷昌三著	160 元
9. 解讀人心術	淺野八郎著	180 元
10. 與上司水乳交融術	秋元隆司著	180 元
11. 男女心態定律	小田晉著	180 元
12. 幽默說話術	林振輝編著	200 元
13. 人能信賴幾分	淺野八郎著	180 元
14. 我一定能成功	李玉瓊譯	180 元
15. 獻給青年的嘉言	陳蒼杰譯	180 元
16. 知人、知面、知其心	林振輝編著	180 元
17. 塑造堅強的個性	坂上肇著	180 元
18. 為自己而活	佐藤綾子著	180 元
19. 未來十年與愉快生活有約	船井幸雄著	180 元
20. 超級銷售話術	杜秀卿譯	180 元
21. 感性培育術	黃靜香編著	180 元
22. 公司新鮮人的禮儀規範	蔡媛惠譯	180 元
23. 傑出職員鍛鍊術	佐佐木正著	180 元
24. 面談獲勝戰略	李芳黛譯	180 元
25. 金玉良言撼人心	森純大著	180 元
26. 男女幽默趣典	劉華亭編著	180 元
27. 機智說話術	劉華亭編著	180 元
28. 心理諮商室	柯素娥譯	180 元
29. 如何在公司崢嶸頭角	佐佐木正著	180 元
30. 機智應對術	李玉瓊編著	200 元
31. 克服低潮良方	坂野雄二著	180 元
32. 智慧型說話技巧	沈永嘉編著	180 元
33. 記憶力、集中力增進術	廖松濤編著	180 元
34. 女職員培育術	林慶旺編著	180 元
35. 自我介紹與社交禮儀	柯素娥編著	180 元
36. 積極生活創幸福	田中真澄著	180 元
37. 妙點子超構想	多湖輝著	180 元
38. 說 NO 的技巧	廖玉山編著	180 元
39. 一流說服力	李玉瓊編著	180 元
40. 般若心經成功哲學	陳鴻蘭編著	180 元

41. 訪問推銷術	黃靜香編著	180 元
42. 男性成功秘訣	陳蒼杰編著	180 元
43. 笑容、人際智商	宮川澄子著	180 元
44. 多湖輝的構想工作室	多湖輝著	200 元
45. 名人名語啟示錄	喬家楓著	180 元
46. 口才必勝術	黃柏松編著	220 元
47. 能言善道的說話秘訣	章智冠編著	180 元
48. 改變人心成為贏家	多湖輝著	200 元
49. 說服的ＩＱ	沈永嘉譯	200 元
50. 提升腦力超速讀術	齊藤英治著	200 元
51. 操控對手百戰百勝	多湖輝著	200 元
52. 面試成功戰略	柯素娥編著	200 元
53. 摸透男人心	劉華亭編著	180 元
54. 撼動人心優勢口才	龔伯牧編著	180 元
55. 如何使對方說 yes	程　羲編著	200 元
56. 小道理・美好生活	林政峰編著	180 元
57. 拿破崙智慧箴言	柯素娥編著	200 元
58. 解開第六感之謎	匠英一編著	200 元
59. 讀心術入門	王嘉成編著	180 元
60. 這趟人生怎麼走	李亦盛編著	200 元
61. 這趟人生無限好	李亦盛編著	200 元

・精　選　系　列・大展編號 25

1. 毛澤東與鄧小平	渡邊利夫等著	280 元
2. 中國大崩裂	江戶介雄著	180 元
3. 台灣・亞洲奇蹟	上村幸治著	220 元
4. 7-ELEVEN 高盈收策略	國友隆一著	180 元
5. 台灣獨立（新・中國日本戰爭一）	森詠著	200 元
6. 迷失中國的末路	江戶雄介著	220 元
7. 2000 年 5 月全世界毀滅	紫藤甲子男著	180 元
8. 失去鄧小平的中國	小島朋之著	220 元
9. 世界史爭議性異人傳	桐生操著	200 元
10. 淨化心靈享人生	松濤弘道著	220 元
11. 人生心情診斷	賴藤和寬著	220 元
12. 中美大決戰	檜山良昭著	220 元
13. 黃昏帝國美國	莊雯琳譯	220 元
14. 兩岸衝突（新・中國日本戰爭二）	森詠著	220 元
15. 封鎖台灣（新・中國日本戰爭三）	森詠著	220 元
16. 中國分裂（新・中國日本戰爭四）	森詠著	220 元
17. 由女變男的我	虎井正衛著	200 元
18. 佛學的安心立命	松濤弘道著	220 元
19. 世界喪禮大觀	松濤弘道著	280 元
20. 中國內戰（新・中國日本戰爭五）	森詠著	220 元

21. 台灣內亂（新・中國日本戰爭六） 森詠著 220元
22. 琉球戰爭①（新・中國日本戰爭七） 森詠著 220元
23. 琉球戰爭②（新・中國日本戰爭八） 森詠著 220元
24. 台海戰爭（新・中國日本戰爭九） 森詠著 220元
25. 美中開戰（新・中國日本戰爭十） 森詠著 220元
26. 東海戰爭①（新・中國日本戰爭十一）森詠著 220元
27. 東海戰爭②（新・中國日本戰爭十二）森詠著 220元

・運 動 遊 戲・大展編號 26

1. 雙人運動 李玉瓊譯 160元
2. 愉快的跳繩運動 廖玉山譯 180元
3. 運動會項目精選 王佑京譯 150元
4. 肋木運動 廖玉山譯 150元
5. 測力運動 王佑宗譯 150元
6. 游泳入門 唐桂萍編著 200元
7. 帆板衝浪 王勝利譯 300元
8. 蛙泳七日通 溫仲華編著 180元
9. 中老年人游泳指導 溫仲華著 180元
10. 爬泳(自由式)技術與練習 吳河海著 180元
11. 仰泳技術與練習 吳河海著 180元
12. 蝶泳技術與練習 吳河海著 180元
20. 乒乓球發球與接發球 張良西著 200元
21. 乒乓球雙打 李浩松著 180元
22. 乒乓球削球 王蒲主編 220元
23. 乒乓球打法與戰術 岳海鵬編著 220元
24. 乒乓球步法的技巧 張博著 220元

・休 閒 娛 樂・大展編號 27

1. 海水魚飼養法 田中智浩著 300元
2. 金魚飼養法 曾雪玫譯 250元
3. 熱門海水魚 毛利匡明著 480元
4. 愛犬的教養與訓練 池田好雄著 250元
5. 狗教養與疾病 杉浦哲著 220元
6. 小動物養育技巧 三上昇著 300元
7. 水草選擇、培育、消遣 安齊裕司著 300元
8. 四季釣魚法 釣朋會著 200元
9. 簡易釣魚入門 張果馨譯 200元
10. 防波堤釣入門 張果馨譯 220元
11. 透析愛犬習性 沈永嘉譯 200元
20. 園藝植物管理 船越亮二著 220元
21. 實用家庭菜園ＤＩＹ 孔翔儀著 200元
22. 住宅修補ＤＩＹ 吉田徹著 200元

30. 汽車急救ＤＩＹ	陳瑞雄編著	200 元
31. 巴士旅行遊戲	陳羲編著	180 元
32. 測驗你的ＩＱ	蕭京凌編著	180 元
33. 益智數字遊戲	廖玉山編著	180 元
34. 益智腦力激盪	劉筱卉編著	180 元
40. 撲克牌遊戲與贏牌秘訣	林振輝編著	180 元
41. 撲克牌魔術、算命、遊戲	林振輝編著	180 元
42. 撲克占卜入門	王家成編著	180 元
50. 兩性幽默	幽默選集編輯組	180 元
51. 異色幽默	幽默選集編輯組	180 元
52. 幽默魔法鏡	玄虛叟編著	180 元
53. 幽默樂透站	玄虛叟編著	180 元
70. 亞洲真實恐怖事件	楊鴻儒譯	200 元

・銀髮族智慧學・大展編號 28

1. 銀髮六十樂逍遙	多湖輝著	170 元
2. 人生六十反年輕	多湖輝著	170 元
3. 六十歲的決斷	多湖輝著	170 元
4. 銀髮族健身指南	孫瑞台編著	250 元
5. 退休後的夫妻健康生活	施聖茹譯	200 元

・飲　食　保　健・大展編號 29

1. 自己製作健康茶	大海淳著	220 元
2. 好吃、具藥效茶料理	德永睦子著	220 元
3. 改善慢性病健康藥草茶	吳秋嬌譯	200 元
4. 藥酒與健康果菜汁	成玉編著	250 元
5. 家庭保健養生湯	馬汴梁編著	220 元
6. 降低膽固醇的飲食	早川和志著	200 元
7. 女性癌症的飲食	女子營養大學	280 元
8. 痛風者的飲食	女子營養大學	280 元
9. 貧血者的飲食	女子營養大學	280 元
10. 高脂血症者的飲食	女子營養大學	280 元
11. 男性癌症的飲食	女子營養大學	280 元
12. 過敏者的飲食	女子營養大學	280 元
13. 心臟病的飲食	女子營養大學	280 元
14. 滋陰壯陽的飲食	王增著	220 元
15. 胃、十二指腸潰瘍的飲食	勝健一等著	280 元
16. 肥胖者的飲食	雨宮禎子等著	280 元
17. 癌症有效的飲食	河內卓等著	300 元
18. 糖尿病有效的飲食	山田信博等著	300 元
19. 骨質疏鬆症有效的飲食	板橋明等著	300 元
20. 高血壓有效的飲食	大內尉義著	300 元

21. 肝病有效的飲食	田中武等著	300 元
22. 成人病有效的飲食	編輯群著	230 元

・家庭醫學保健・大展編號 30

1. 女性醫學大全	雨森良彥著	380 元
2. 初為人父育兒寶典	小瀧周曹著	220 元
3. 性活力強健法	相建華著	220 元
4. 30 歲以上的懷孕與生產	李芳黛編著	220 元
5. 舒適的女性更年期	野末悅子著	200 元
6. 夫妻前戲的技巧	笠井寬司著	200 元
7. 病理足穴按摩	金慧明著	220 元
8. 爸爸的更年期	河野孝旺著	200 元
9. 橡皮帶健康法	山田晶著	180 元
10. 三十三天健美減肥	相建華等著	180 元
11. 男性健美入門	孫玉祿編著	180 元
12. 強化肝臟秘訣	主婦之友社編	200 元
13. 了解藥物副作用	張果馨譯	200 元
14. 女性醫學小百科	松山榮吉著	200 元
15. 左轉健康法	龜田修等著	200 元
16. 實用天然藥物	鄭炳全編著	260 元
17. 神秘無痛平衡療法	林宗駛著	180 元
18. 膝蓋健康法	張果馨譯	180 元
19. 針灸治百病	葛書翰著	250 元
20. 異位性皮膚炎治癒法	吳秋嬌譯	220 元
21. 禿髮白髮預防與治療	陳炳崑編著	180 元
22. 埃及皇宮菜健康法	飯森薰著	200 元
23. 肝臟病安心治療	上野幸久著	220 元
24. 耳穴治百病	陳抗美等著	250 元
25. 高效果指壓法	五十嵐康彥著	200 元
26. 瘦水、胖水	鈴木園子著	200 元
27. 手針新療法	朱振華著	200 元
28. 香港腳預防與治療	劉小惠譯	250 元
29. 智慧飲食吃出健康	柯富陽編著	200 元
30. 牙齒保健法	廖玉山編著	200 元
31. 恢復元氣養生食	張果馨譯	200 元
32. 特效推拿按摩術	李玉田著	200 元
33. 一週一次健康法	若狹真著	200 元
34. 家常科學膳食	大塚滋著	220 元
35. 夫妻們閱讀的男性不孕	原利夫著	220 元
36. 自我瘦身美容	馬野詠子著	200 元
37. 魔法姿勢益健康	五十嵐康彥著	200 元
38. 眼病錘療法	馬栩周著	200 元
39. 預防骨質疏鬆症	藤田拓男著	200 元

40. 骨質增生效驗方	李吉茂編著	250 元
41. 蕺菜健康法	小林正夫著	200 元
42. 赧於啟齒的男性煩惱	增田豐著	220 元
43. 簡易自我健康檢查	稻葉允著	250 元
44. 實用花草健康法	友田純子著	200 元
45. 神奇的手掌療法	日比野喬著	230 元
46. 家庭式三大穴道療法	刑部忠和著	200 元
47. 子宮癌、卵巢癌	岡島弘幸著	220 元
48. 糖尿病機能性食品	劉雪卿編著	220 元
49. 奇蹟活現經脈美容法	林振輝編譯	200 元
50. Super SEX	秋好憲一著	220 元
51. 了解避孕丸	林玉佩譯	200 元
52. 有趣的遺傳學	蕭京凌編著	200 元
53. 強身健腦手指運動	羅群等著	250 元
54. 小周天健康法	莊雯琳譯	200 元
55. 中西醫結合醫療	陳蒼杰譯	200 元
56. 沐浴健康法	楊鴻儒譯	200 元
57. 節食瘦身秘訣	張芷欣編著	200 元
58. 酵素健康法	楊皓譯	200 元
59. 一天 10 分鐘健康太極拳	劉小惠譯	250 元
60. 中老年人疲勞消除法	五味雅吉著	220 元
61. 與齲齒訣別	楊鴻儒譯	220 元
62. 禪宗自然養生法	費德漢編著	200 元
63. 女性切身醫學	編輯群編	200 元
64. 乳癌發現與治療	黃靜香編著	200 元
65. 做媽媽之前的孕婦日記	林慈姮編著	180 元
66. 從誕生到一歲的嬰兒日記	林慈姮編著	180 元
67. 6 個月輕鬆增高	江秀珍譯	200 元
68. 一輩子年輕開心	編輯群編	200 元
69. 怎可盲目減肥	編輯群編	200 元
70. 『腳』萬病之源	阿部幼子著	200 元
71. 睡眠健康養生法	編輯群編著	200 元
72. 水中漫步健康法	野村武男著	220 元
73. 孩子運動傷害預防與治療	松井達也著	200 元
74. 病從血液起	溝口秀昭著	200 元
75. 男性元氣 I Q	編輯群編著	200 元

・快樂健美站・大展編號 302

1. 柔力健身球（精）	姜桂萍主編	280 元
2. 自行車健康享瘦	中務博司著	280 元
3. 跑步鍛鍊走路減肥	平野厚等著	280 元

・超經營新智慧・大展編號 31

1.	躍動的國家越南	林雅倩譯	250 元
2.	甦醒的小龍菲律賓	林雅倩譯	220 元
3.	中國的危機與商機	中江要介著	250 元
4.	在印度的成功智慧	山內利男著	220 元
5.	7-ELEVEN 大革命	村上豐道著	200 元
6.	業務員成功秘方	呂育清編著	200 元
7.	在亞洲成功的智慧	鈴木讓二著	220 元
8.	圖解活用經營管理	山際有文著	220 元
9.	速效行銷學	江尻弘著	220 元
10.	猶太成功商法	周蓮芬編著	200 元
11.	工廠管理新手法	黃柏松編著	220 元
12.	成功隨時掌握在凡人手上	竹村健一著	220 元
13.	服務・所以成功	中谷彰宏著	200 元
14.	輕鬆賺錢高手	增田俊男著	220 元

・理 財、投 資・大展編號 312

1.	突破股市瓶頸	黃國洲著	（特價）	199 元
2.	投資眾生相	黃國洲著		220 元
3.	籌碼決定論	黃國洲著	（特價）	249 元

・成 功 秘 笈・大展編號 313

1.	企業不良幹部群相	（精）	黃琪輝著	230 元
2.	企業人才培育智典	（精）	鄭嘉軒著	230 元

・親 子 系 列・大展編號 32

1.	如何使孩子出人頭地	多湖輝著	200 元
2.	心靈啟蒙教育	多湖輝著	280 元
3.	如何使孩子數學滿分	林明嬋編著	180 元
4.	終身受用的學習秘訣	李芳黛譯	200 元
5.	數學疑問破解	陳蒼杰譯	200 元
6.	用心教養孩子	王欣筑編著	200 元

・雅 致 系 列・大展編號 33

1.	健康食譜春冬篇	丸元淑生著	200 元
2.	健康食譜夏秋篇	丸元淑生著	200 元
3.	純正家庭料理	陳建民等著	200 元
4.	家庭四川料理	陳建民著	200 元
5.	醫食同源健康美食	郭長聚著	200 元
6.	家族健康食譜	東畑朝子著	200 元

・美 術 系 列・大展編號 34

1. 可愛插畫集　鉛筆等著　220 元
2. 人物插畫集　鉛筆等著　180 元

・勞 作 系 列・大展編號 35

1. 活動玩具ＤＩＹ　李芳黛譯　230 元
2. 組合玩具ＤＩＹ　李芳黛譯　230 元
3. 花草遊戲ＤＩＹ　張果馨譯　250 元

・元 氣 系 列・大展編號 36

1. 神奇大麥嫩葉「綠效末」　山田耕路著　200 元
2. 高麗菜發酵精的功效　大澤俊彥著　200 元
3. 綠茶治病寶典　桑野和民著　170 元
4. 靈芝治百病　陳瑞東著　180 元
5. 艾草健康法　張汝明編著　180 元

・健康加油站・大展編號 361

1. 糖尿病預防與治療　藤山順豐著　200 元
2. 胃部機能與強健　程彬編著　180 元
3. 不孕症治療　周雲雁編著　200 元
4. 簡易醫學急救法　朱雅安編著　200 元

・女 性 醫 學・大展編號 362

1. 女性的更年期　野末悅子著　200 元
2. 初次懷孕與生產　編輯組著　220 元

・心 靈 雅 集・大展編號 00

1. 禪言佛語看人生　松濤弘道著　180 元
2. 禪密教的奧秘　葉逯謙譯　120 元
3. 觀音大法力　田口日勝著　120 元
4. 觀音法力的大功德　田口日勝著　120 元
5. 達摩禪 106 智慧　劉華亭編譯　220 元
6. 有趣的佛教研究　葉逯謙編譯　170 元
7. 夢的開運法　蕭京凌譯　180 元
8. 禪學智慧　柯素娥編譯　130 元
9. 女性佛教入門　許俐萍譯　110 元
10. 佛像小百科　心靈雅集編譯組　130 元
11. 佛教小百科趣談　心靈雅集編譯組　120 元

12. 佛教小百科漫談	心靈雅集編譯組	150元
13. 佛教知識小百科	心靈雅集編譯組	150元
14. 佛學名言智慧	松濤弘道著	220元
15. 釋迦名言智慧	松濤弘道著	220元
16. 活人禪	平田精耕著	120元
17. 坐禪入門	柯素娥編譯	150元
18. 現代禪悟	柯素娥編譯	130元
19. 道元禪師語錄	心靈雅集編譯組	130元
20. 佛學經典指南	心靈雅集編譯組	200元
21. 何謂「生」阿含經	心靈雅集編譯組	150元
22. 一切皆空　般若心經	心靈雅集編譯組	180元
23. 超越迷惘　法句經	心靈雅集編譯組	130元
24. 開拓宇宙觀　華嚴經	心靈雅集編譯組	180元
25. 真實之道　法華經	心靈雅集編譯組	180元
26. 自由自在　涅槃經	心靈雅集編譯組	180元
27. 沈默的教示　維摩經	心靈雅集編譯組	150元
28. 開通心眼　佛語佛戒	心靈雅集編譯組	130元
29. 揭秘寶庫　密教經典	心靈雅集編譯組	180元
30. 坐禪與養生	廖松濤譯	110元
31. 釋尊十戒	柯素娥編譯	120元
32. 佛法與神通	劉欣如編著	120元
33. 悟（正法眼藏的世界）	柯素娥編譯	120元
34. 只管打坐	劉欣如編著	120元
35. 喬答摩・佛陀傳	劉欣如編著	120元
36. 唐玄奘留學記	劉欣如編著	120元
37. 佛教的人生觀	劉欣如編譯	110元
38. 無門關（上卷）	心靈雅集編譯組	150元
39. 無門關（下卷）	心靈雅集編譯組	150元
40. 業的思想	劉欣如編著	130元
41. 佛法難學嗎	劉欣如著	140元
42. 佛法實用嗎	劉欣如著	140元
43. 佛法殊勝嗎	劉欣如著	140元
44. 因果報應法則	李常傳編	180元
45. 佛教醫學的奧秘	劉欣如編著	150元
46. 紅塵絕唱	海　若著	130元
47. 佛教生活風情	洪丕謨、姜玉珍著	220元
48. 行住坐臥有佛法	劉欣如著	160元
49. 起心動念是佛法	劉欣如著	160元
50. 四字禪語	曹洞宗青年會	200元
51. 妙法蓮華經	劉欣如編著	160元
52. 根本佛教與大乘佛教	葉作森編	180元
53. 大乘佛經	定方晟著	180元
54. 須彌山與極樂世界	定方晟著	180元
55. 阿闍世的悟道	定方晟著	180元

國家圖書館出版品預行編目資料

園藝植物管理／船越亮二著；杜秀卿譯
－初版－臺北市；大展，民 87
面 ； 21 公分 －（休閒娛樂；20）
譯自：園藝植物㊙管理 89
ISBN 957-557-823-6（平裝）
1.園藝
435 87006031

ENGEI SHOKUBUTSU MARUHI KANRI 89
©RYŌJI-FUNAKOSHI 1994
Originally published in Japan in 1994 by NITTO SHOIN CO., LTD.
Chinese translation rights arranged through TOHAN CORPORATION, TOKYO
And KEIO Cultural Enterprise Co., Ltd.

版權仲介：京王文化事業有限公司

園藝植物管理 ISBN 957-557-823-6

原 著 者／船 越 亮 二
編 譯 者／杜 秀 卿
發 行 人／蔡 森 明
出 版 者／大展出版社有限公司
社 址／台北市北投區（石牌）致遠一路 2 段 12 巷 1 號
電 話／（02）28236031・28236033・28233123
傳 真／（02）28272069
郵政劃撥／01669551
網 址／www.dah-jaan.com.tw
E - mail／service@dah-jaan.com.tw
登 記 證／局版臺業字第 2171 號
承 印 者／國順文具印刷行
裝 訂／協億印製廠股份有限公司
排 版 者／千兵企業有限公司
初版 1 刷／1998 年（民 87 年） 5 月
初版 2 刷／2004 年（民 93 年）11 月 定價／220 元

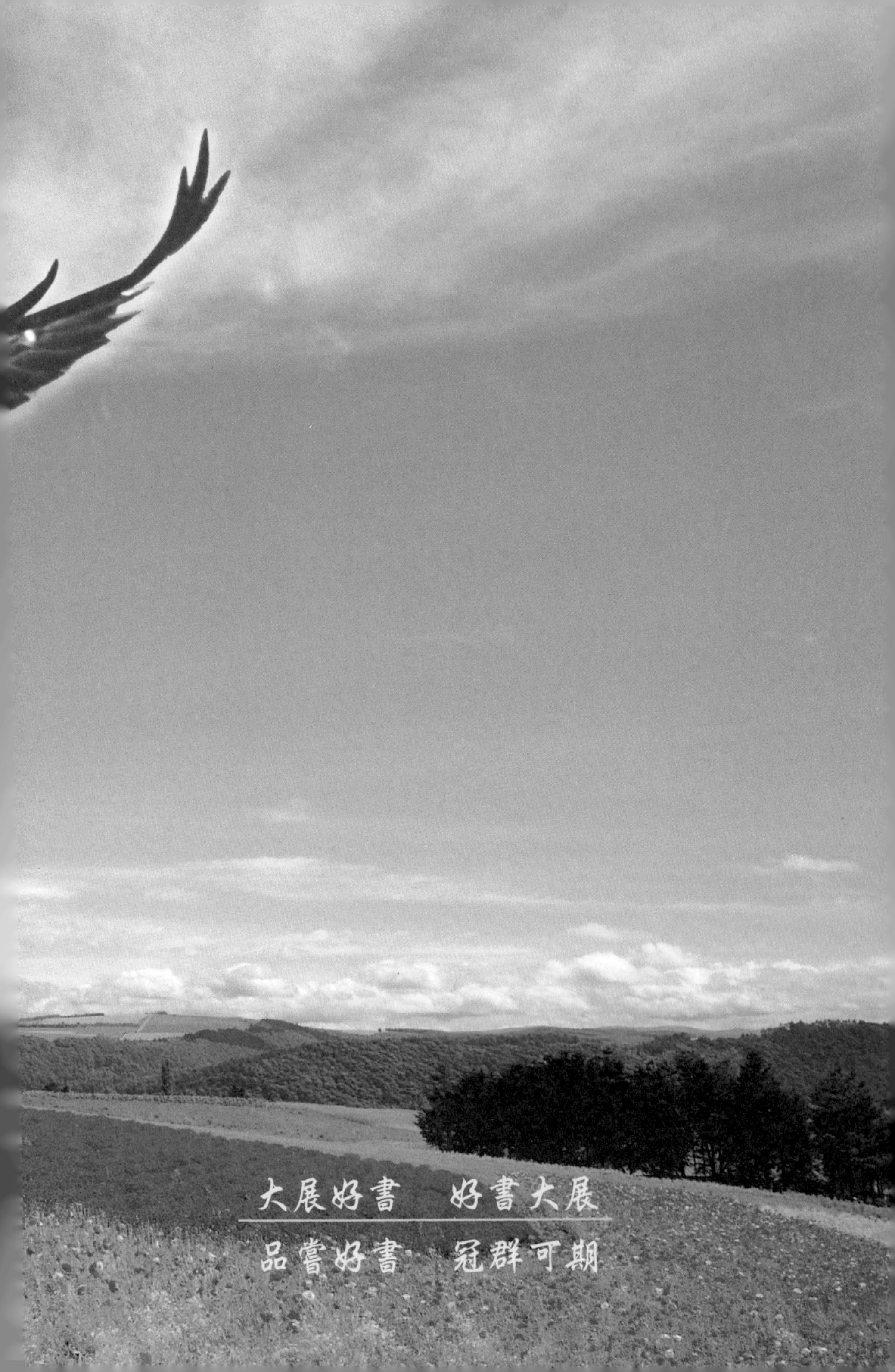
大展好書　好書大展
品嘗好書　冠群可期

大展好書　好書大展
品嘗好書　冠群可期